● 電気・電子工学ライブラリ ●
UKE-A5

応用
電気電子計測

信太克規

数理工学社

編者のことば

　電気磁気学を基礎とする電気電子工学は，環境・エネルギーや通信情報分野など社会のインフラを構築し社会システムの高機能化を進める重要な基盤技術の一つである．また，日々伝えられる再生可能エネルギーや新素材の開発，新しいインターネット通信方式の考案など，今まで電気電子技術が適用できなかった応用分野を開拓し境界領域を拡大し続けて，社会システムの再構築を促進し一般の多くの人々の利用を飛躍的に拡大させている．

　このようにダイナミックに発展を遂げている電気電子技術の基礎的内容を整理して体系化し，科学技術の分野で一般社会に貢献をしたいと思っている多くの大学・高専の学生諸君や若い研究者・技術者に伝えることも科学技術を継続的に発展させるためには必要であると思う．

　本ライブラリは，日々進化し高度化する電気電子技術の基礎となる重要な学術を整理して体系化し，それぞれの分野をより深くさらに学ぶための基本となる内容を精査して取り上げた教科書を集大成したものである．

　本ライブラリ編集の基本方針は，以下のとおりである．

1) 今後の電気電子工学教育のニーズに合った使い易く分かり易い教科書．
2) 最新の知見の流れを取り入れ，創造性教育などにも配慮した電気電子工学基礎領域全般に亘る斬新な書目群．
3) 内容的には大学・高専の学生と若い研究者・技術者を読者として想定．
4) 例題を出来るだけ多用し読者の理解を助け，実践的な応用力の涵養を促進．

　本ライブラリの書目群は，I 基礎・共通，II 物性・新素材，III 信号処理・通信，IV エネルギー・制御，から構成されている．

　書目群 I の基礎・共通は 9 書目である．電気・電子通信系技術の基礎と共通書目を取り上げた．

　書目群 II の物性・新素材は 7 書目である．この書目群は，誘電体・半導体・磁性体のそれぞれの電気磁気的性質の基礎から説きおこし半導体物性や半導体デバイスを中心に書目を配置している．

　書目群 III の信号処理・通信は 5 書目である．この書目群では信号処理の基本から信号伝送，信号通信ネットワーク，応用分野が拡大する電磁波，および

電気電子工学の医療技術への応用などを取り上げた．

　書目群IVのエネルギー・制御は10書目である．電気エネルギーの発生，輸送・伝送，伝達・変換，処理や利用技術とこのシステムの制御などである．

　「電気文明の時代」の20世紀に引き続き，今世紀も環境・エネルギーと情報通信分野など社会インフラシステムの再構築と先端技術の開発を支える分野で，社会に貢献し活躍を望む若い方々の座右の書群になることを希望したい．

　　2011年9月

編者　松瀬貢規
　　　湯本雅恵
　　　西方正司
　　　井家上哲史

「電気・電子工学ライブラリ」書目一覧

書目群I（基礎・共通）
1. 電気電子基礎数学
2. 電気磁気学の基礎
3. 電気回路
4. 基礎電気電子計測
5. 応用電気電子計測
6. アナログ電子回路の基礎
7. ディジタル電子回路
8. ハードウェア記述言語によるディジタル回路設計の基礎
9. コンピュータ工学

書目群II（物性・新素材）
1. 電気電子材料
2. 半導体物性
3. 半導体デバイス
4. 集積回路工学
5. 光・電子工学
6. 高電界工学
7. 電気電子化学

書目群III（信号処理・通信）
1. 信号処理の基礎
2. 情報通信工学
3. 情報ネットワーク
4. 電磁波工学
5. 生体電子工学

書目群IV（エネルギー・制御）
1. 環境とエネルギー
2. 電力発生工学
3. 電力システム工学の基礎
4. 超電導・応用
5. 基礎制御工学
6. システム解析
7. 電気機器学
8. パワーエレクトロニクス
9. アクチュエータ工学
10. ロボット工学

まえがき

　科学技術の進歩や産業の発展のためには，計測という手法による様々な現象の定量化が人々の共通理解を得るために不可欠である．それゆえ，今日の計測の主役となった，電気量の計測，すなわち，電気電子計測の基本的な知識の習得のために，本書の姉妹編として『基礎電気電子計測』を出版した．

　歴史的に見ると，この数世紀において，計測という技術は電気量の分野にとどまらず，社会の様々な領域で物事を普遍化するために重要な役割を担っている．これまで，電気量以外の計測は，直接係わる物理量あるいは化学量を測定することで対処してきた．しかし，ここにきて，コンピュータの出現とセンサ技術の進歩により，状況は大きく変化した．すなわち，計測の結果を電気量で得ることで，その計測結果の量質ともに飛躍的な向上が期待されることがわかったのである．それゆえ，近年では，ほとんど全ての分野の計測の結果はセンサを駆使して電気量の形で情報を得た上でさらにコンピュータを駆使して，従来は得られなかった高度な測定データの処理が可能となっているのである．

　本書『応用電気電子計測』では，以上のような状況に鑑み，電気量以外の入力情報を如何にして，最終的に電気電子の情報に変換し，電気電子計測という手法で必要な情報を得ることができるかを学ぶ．それとともに，社会の様々な分野で実際に活用されている電気電子計測を紹介し，その仕組みを解明する．

　本書は1章から13章で構成されている．それゆえ，大学で毎週1章ずつ学ぶ場合に期末の試験と解答の検討を含めてちょうど半期で，電気電子計測の応用についての概要を把握できるように工夫した．1章では現在の電気電子計測が社会の様々な分野でどのような役割を果たしているかを記し，応用電気電子計測の必要性と重要性について学ぶ．2章から7章までは，個別のセンサについて学ぶ．2章は光–電気変換を，3章では光–電気変換の周辺ということで，可視光に関連した赤外線–電気変換，あるいは，光ファイバ，レーザ計測などについて，4章では機械量–電気変換について，圧力や変位の電気変換を，5章では

まえがき

機械量–電気変換の周辺として関連する超音波–電気変換や流速・流量–電気変換について，6章は温度・湿度–電気変換について，7章は化学・生物情報–電気変換について学ぶ．8章と9章ではそれぞれ，電気電子計測の応用としてのロボットのセンシング機能や人間の五感との対応について，あるいは，応用電気電子計測に必要な諸技術について学習する．10章から13章は社会の様々な分野で用いられている電気電子計測について紹介する．10章は産業界における応用電気電子計測を見てみる．たとえば，自動車のセンシング機能や近年の電力システムの仕組み，各種製品の製造ラインなどにおける電気電子計測の実際を調べる．11章は医療分野における電気電子計測の実態を調べ，その測定原理を学ぶ．12章は環境・健康・福祉関連の電気電子計測について，13章では日常生活での電気電子計測の状況を把握し，動向を理解する．

本書においても，『基礎電気電子計測』と同様に，各章の最後に練習問題が用意されているので，それらを解くことで，各章の内容の理解をより一層確かなものとすることが可能となる．また，教科書の各章ごとに挿入されている簡単な例題とその解答例も有益に用いることができる．各章に点在するコラムにも目を通していただければ幸いである．

この『応用電気電子計測』を学び終わったときに，電気電子計測が今日いかに広範な分野で重要な役割を果たしているかを知り，電気電子という分野の学びに一層の興味と意欲が増すことを希望している．

このような内容構成の教科書がこれまで，あまり世に出ていなかったことから，試行的な部分も多く，今後より良いものにしていく努力が必要と感じている．極力注意して記述したが，内容に不十分な記述や理解しにくい部分があるかもしれない．ご叱正をたまわりたい．本書執筆にあたり，多くの書物を参考にさせていただいたが，主なる参考文献を巻末に記した．それらの著者に心からの謝意を表するものである．

本書は既刊の姉妹書『基礎電気電子計測』と共に，本ライブラリ編者，明治大学理工学部 松瀨貢規教授のお薦めにより執筆された．ここに厚くお礼を申し上げる．また，数理工学社編集部長 田島伸彦氏には出版に際し，大変お世話になった．心より感謝の意を表する次第である．

2013年5月

信太 克規

目　　次

第1章
応用電気電子計測とは　　1
　1.1　基礎電気電子計測と応用電気電子計測の違い …………　2
　1.2　応用電気電子計測の記述範囲 …………………………　4
　1.3　社会におけるセンサを介した電気電子計測の役割 ………　6
　1.4　人間・ロボット・センサ・電気電子計測 ………………… 10
　1章の問題 …………………………………………………… 11

第2章
光−電気変換　　13
　2.1　光−電気変換とは ………………………………………… 14
　2.2　光−電気変換の種類 ……………………………………… 15
　2.3　光電子放出 ……………………………………………… 16
　2.4　光導電効果 ……………………………………………… 18
　2.5　光起電力効果 …………………………………………… 20
　2.6　イメージセンサ ………………………………………… 23
　2章の問題 …………………………………………………… 24

目　次　　　　　　　　　　　　　vii

第3章

光–電気変換の周辺　　　　　　　　25
 3.1 赤外線–電気変換 …………………………………… 26
 3.2 光ファイバ計測 …………………………………… 29
 3.3 レーザ計測 ………………………………………… 32
 3章の問題 ……………………………………………… 34

第4章

機械量–電気変換　　　　　　　　35
 4.1 機械量とは ………………………………………… 36
 4.2 ひずみ–電気変換 …………………………………… 37
 4.3 圧力–電気変換 ……………………………………… 38
 4.4 変位–電気変換 ……………………………………… 40
 4.5 感圧導電性ゴム …………………………………… 42
 4.6 エンコーダ ………………………………………… 43
 4章の問題 ……………………………………………… 44

第5章

機械量–電気変換の周辺　　　　　45
 5.1 超音波–電気変換 …………………………………… 46
 5.2 ソ　ナ　ー ………………………………………… 47
 5.3 エコー（超音波医療診断） ……………………… 48
 5.4 超音波非破壊検査 ………………………………… 49
 5.5 超音波速度計 ……………………………………… 50
 5.6 超音波流速計 ……………………………………… 51
 5.7 流速・流量–電気変換 ……………………………… 52
 5章の問題 ……………………………………………… 54

第6章

温度・湿度−電気変換　　55

6.1　温度−電気変換の種類 …………………………………… 56

6.2　温度−抵抗変換 ……………………………………………… 57

6.3　温度−起電力変換 …………………………………………… 60

6.4　放射温度計 …………………………………………………… 62

6.5　湿度−電気変換 ……………………………………………… 64

6章の問題 …………………………………………………………… 66

第7章

化学・生体情報−電気変換　　67

7.1　化学・生体関連分野の電気変換の原理と分類 ………… 68

7.2　化学反応−電気変換 ………………………………………… 69

7.3　生体反応−電気変換 ………………………………………… 73

7章の問題 …………………………………………………………… 76

第8章

人間の知覚とロボットセンシング　　77

8.1　人間の知覚とロボットセンシングの関係 ……………… 78

8.2　視覚と視覚用センサ ………………………………………… 80

8.3　聴覚・触覚と聴覚・触覚用センサ ……………………… 82

8.4　嗅覚・味覚と嗅覚・味覚用センサ ……………………… 86

8章の問題 …………………………………………………………… 88

目　次　　　　　　　　　　　　　ix

第 9 章

応用電気電子計測のための各種センシング技術　　89

　9.1　自動計測と GPIB …………………………………… 90
　9.2　画像計測技術 ………………………………………… 92
　9.3　マイクロマシニング（微細加工技術）…………… 94
　9.4　センサフュージョンと多機能センシング ……… 96
　　9 章の問題 ……………………………………………… 98

第 10 章

各種産業分野における電気電子計測技術　　99

　10.1　各種産業界の電気電子計測技術分野の種類 …… 100
　10.2　製造ラインにおける電気電子計測技術 ………… 101
　10.3　産業用ロボットにおける電気電子計測技術 …… 102
　10.4　自動車産業における電気電子計測技術 ………… 104
　10.5　電力システムにおける電気電子計測技術 ……… 106
　　10 章の問題 …………………………………………… 108

第 11 章

医療分野における電気電子計測技術　　109

　11.1　医療分野の電気電子計測技術の動向 …………… 110
　11.2　血　圧　計 ………………………………………… 111
　11.3　心電計と脳波計 …………………………………… 112
　11.4　X 線 CT と MRI …………………………………… 114
　11.5　内　視　鏡 ………………………………………… 116
　11.6　AED（自動体外式除細動器）…………………… 117
　　11 章の問題 …………………………………………… 118

第12章

環境・健康・介護福祉分野における電気電子計測技術　119

 12.1　環境・健康・介護福祉分野における電気電子計測 …… 120
 12.2　環境問題に係わる電気電子計測の役割 ………………… 121
 12.3　健康に係わる電気電子計測技術 ………………………… 124
 12.4　介護福祉関連の電気電子計測技術 ……………………… 126
 12章の問題 ……………………………………………………… 128

第13章

日常生活での電気電子計測技術　129

 13.1　日常生活での電気電子計測技術 ………………………… 130
 13.2　非接触ICカード …………………………………………… 131
 13.3　紙幣識別機 ………………………………………………… 132
 13.4　バーコード ………………………………………………… 133
 13.5　指紋認証 …………………………………………………… 134
 13.6　タッチパネル ……………………………………………… 136
 13章の問題 ……………………………………………………… 138

問 題 解 答　139

参 考 文 献　152

索　　　引　153

目　　次

|コラム|

- 志田林三郎の慧眼 …………………………………………… 3
- センサとトランスジューサ ………………………………… 9
- 虹は六色? ……………………………………………………… 19
- あなたにも仏様のように後光が!? ………………………… 28
- 人工指感覚 …………………………………………………… 42
- 人間には聴こえなくとも動物には聴こえる ……………… 49
- 色々な体温計 ………………………………………………… 63
- 本当はプロパンガスにも都市ガスにも臭いはない! ……… 69
- ハエは足先で味を感じる? ………………………………… 79
- 骨の振動で音を聞く!? ……………………………………… 85
- エジソンの直流送配電の時代再来? ……………………… 107
- 動転 or 冷静. AED を使うには勇気がいる!? …………… 117
- レントゲンとキュリー夫人はなぜ消えた? ……………… 123
- 全てはお見通し!? …………………………………………… 135

電気用図記号について

本書の回路図は，JIS C 0617 の電気用図記号の表記（表中列）にしたがって作成したが，実際の作業現場や論文などでは従来の表記（表右列）を用いる場合も多い．参考までによく使用される記号の対応を以下の表に示す．

	新 JIS 記号（C 0617）	旧 JIS 記号（C 0301）
電気抵抗，抵抗器		
スイッチ		
半導体 （ダイオード）		
接地 （アース）		
インダクタンス，コイル		
電源		
ランプ		

第1章
応用電気電子計測とは

　現在の電気電子計測が社会の様々な分野でどのような役割を果たしているかについて，あるいは，電気量以外の情報をいかにして電気電子の情報に変換し，電気電子計測という手法で必要な情報を獲得するかについて概観する．また，そのことによって応用電気電子計測の必要性と重要性について学び，2章以降の個別の学びの準備とする．

■ 1章で学ぶ概念・キーワード
- 基礎電気電子計測と応用電気電子計測の違い
- 応用電気電子計測の記述範囲
- 社会におけるセンサを介した電気電子計測の役割
- 人間・ロボット・センサ・電気電子計測

1.1 基礎電気電子計測と応用電気電子計測の違い

本書の姉妹編『基礎電気電子計測』では，単位や標準を含む，電気電子計測全般の意味や目的を学んだ．また，電圧，電流，抵抗などの電気分野の諸量の測定手法や測定装置について習得した．

実は，近年の社会においては，電気電子の領域を超えた，より広い範囲の様々な分野の情報が電気分野の諸量に変換され，電気電子の測定手法で情報を得るということが行われている．

電気電子以外の分野の情報を電気量に変換して得ることは現在のコンピュータによるデータ処理の社会においては極めて効果的である．それゆえ，今や，ほとんどの分野の測定は結果的に電気量に変換される．

本教科書『応用電気電子計測』では，上記の状況に鑑みて，他の分野の情報を電気量に変換する主要なセンサ（変換器）に関して，その測定原理や実際の使用法などについて学ぶ．また，社会の主要な分野の電気電子計測の実情を概観し，その仕組みを把握する．

表 1.1 に『基礎電気電子計測』と『応用電気電子計測』の主な記述内容を記し，両者の違いを示す．

表 1.1 基礎電気電子計測と応用電気電子計測の内容の違い

基礎電気電子計測	●電気電子計測全般の意味や目的 ●電気量の測定手法や測定装置
応用電気電子計測	●電気電子領域を超えた広範囲の分野の情報を電気量に変換するセンサ（変換器）の測定原理や使用法 ●社会の主要分野における電気電子計測の実情と仕組みの把握

1.1 基礎電気電子計測と応用電気電子計測の違い

　歴史的に見ると，電気工学の黎明期には，ここで示している「基礎電気電子計測」のみであり，いわゆる，「応用電気電子計測」的な存在は皆無であった．しかし，徐々に電気電子計測が電気工学以外の分野にも浸透して，ここで述べる「応用電気電子計測」が身近なものとなっていった．

　さらに時代が進み，エレクトロニクス技術分野の飛躍的な発展とそれに伴うコンピュータ技術の進歩が電気電子計測をアナログ技術からディジタル計測へとその方向を転換させた．

　この電気電子計測におけるエポックメーキング的な技術的な変換が電気電子計測をして，電気工学分野にとどまらず，他分野・他領域へ一気に浸透していった要因である．これによって，いわゆる「応用電気電子計測」が必要不可欠なものとなり，その存在は確立した．

　現在，社会のあらゆる分野は「応用電気電子計測」なくして存在できない状態にあるといっても過言ではない．

　しかし，近未来を予測するならば，これまでの「基礎電気電子計測」と「応用電気電子計測」と分類すること自体が不可能な，両者が渾然一体の状態となることが考えられる．なぜなら，将来はもはや，電気工学が電気工学という枠を超えて，電気という名前が表に出ることなく，しかし，実質的には社会のあらゆる分野で電気としての働きをなす実態が見えてくる．農業や水産業のような一次産業も電気で成り立つ状況になるかもしれない．産業界の製造ラインも医療福祉分野も感覚を具備した人型ロボットが人間と協同で作業をし，安全な運転をする自動操縦自動車が街を走り回る時代になるとき，電気はもはや電気工学のものではなく，電気電子計測には基礎も応用も存在しないであろう．

● **志田林三郎の慧眼** ●

　明治時代に電気学会を設立したわが国の電気工学の祖 志田林三郎博士が設立総会で演説した将来の電気技術の進展を予測する演説は有名である．まだ，電気原始時代に多重通信，光通信，テレビや録音・録画技術などについて予言している．また，電気分野の予測以外に，農作物の収穫や地震予知に対しての電気的な対処の言及には驚く．これこそ正に，「応用電気電子計測」である．

1.2 応用電気電子計測の記述範囲

本教科書『応用電気電子計測』では大きく，以下の二つの内容が記述されている．

第一に電気量以外の諸量を電気信号に変換する技術の説明である．今日，センサという呼称で様々な物理量や化学・生体反応を電気信号に変換し，多様な領域の情報をエレクトロニクス技術の分野に取り込む装置が出現している．ここでは様々な諸量の電気変換器であるセンサについて，その原理や実際の使用法，使用例を詳述する．たとえば，赤外線を含む光の領域，超音波を含む機械量の領域，温度や湿度の測定領域，化学反応やバイオと呼ばれる生体反応の領域などである．これらの領域における情報がセンサという道具を用いて電気の情報として取り扱うことができるようになった．図 1.1 にそれらをまとめて紹介する．これらの具体的内容は本書の 2 章から 7 章までに記されている．

第二には電気電子計測が社会の様々な分野での諸活動の中で重要な役割を担っている様子を紹介する．その領域は多岐にわたり，どの分野においても，今や電気電子計測なくしては機能しないほどに不可欠な存在となっている．それらは，たとえば，自動車本体や各種製品の製造ラインのような多くの分野の産業界で見られる光景である．また，近年，著しい広がりを見せている医療分野や介護福祉・健康分野での電気電子計測であり，一方，放射線を含む環境・安全防災の領域においても同様である．

以上の様子をまとめて図 1.2 に示す．なお，幅広い社会活動における電気電子計測の動向の詳細は本書の 10 章から 13 章までに記されている．

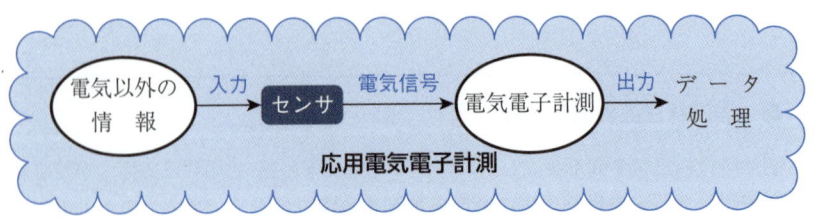

図 1.1 応用電気電子計測とセンサの関係

1.2 応用電気電子計測の記述範囲

　この他に，本教科書では先進的な応用電気電子計測に欠かせない計測手法や技術内容も学習する．たとえば，コンピュータを介した自動計測技術やマイクロマシニングと呼ばれるセンサの微細化技術，測定結果の画像化技術，人間の五感を意識したセンサフュージョンなどで，これは 8 章に述べられている．

　また，進化するわが国のロボット技術における電気電子計測の役割は必須であるゆえ，人間の五感と対応する形で，様々なロボットの情報収集技術を紹介する．この部分は本書の 9 章で学習する．本書の全体の内容構成を図 1.3 に示す．

　応用電気電子計測という言葉は無限の広がりを持っており，残念ながら，有限の教科書中に全てを網羅することはできない．また，取り上げた内容の細部に関しても十分とはいえない．それゆえ，この教科書で触れた内容で特に興味がわいた部分に関して，それをきっかけとして，より深い内容に自ら進んで取り組んでいけたなら，新しい世界が拓かれるのではないかと期待している．

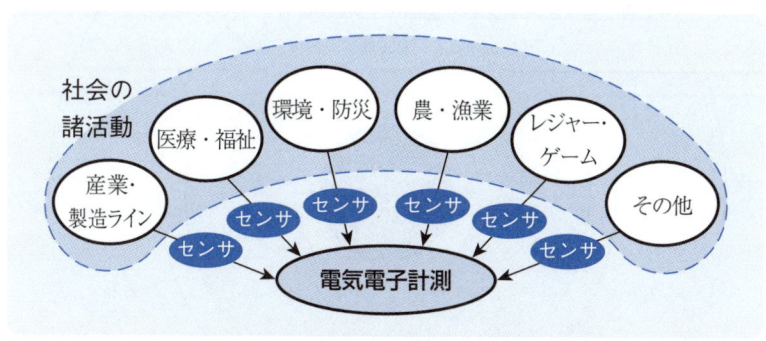

図 1.2　電気電子計測と社会の諸活動の係わり

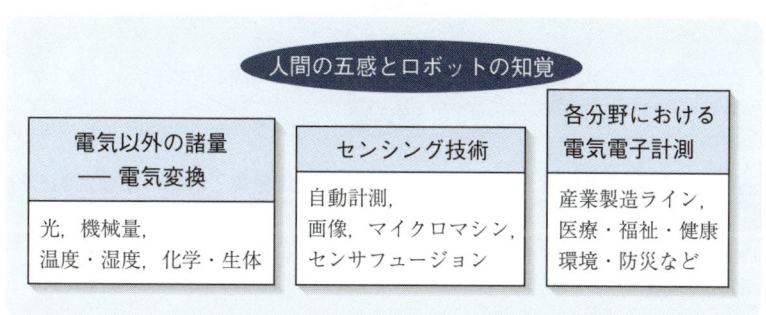

図 1.3　応用電気電子計測の構成内容

1.3　社会におけるセンサを介した電気電子計測の役割

1.2 節でも述べたように応用電気電子計測では電気以外の分野の情報を電気信号に変換するセンサの役割は重要である．ここでは，現在，どのような分野でセンサが活躍し，そのセンサを介して電気電子計測がどのような位置を占めているかを概観し，その役割を確認する．

図 1.4 に現代社会でのセンサが活躍し，センサを介した電気電子計測が重要な役割を果たしている主な活動分野を図示する．

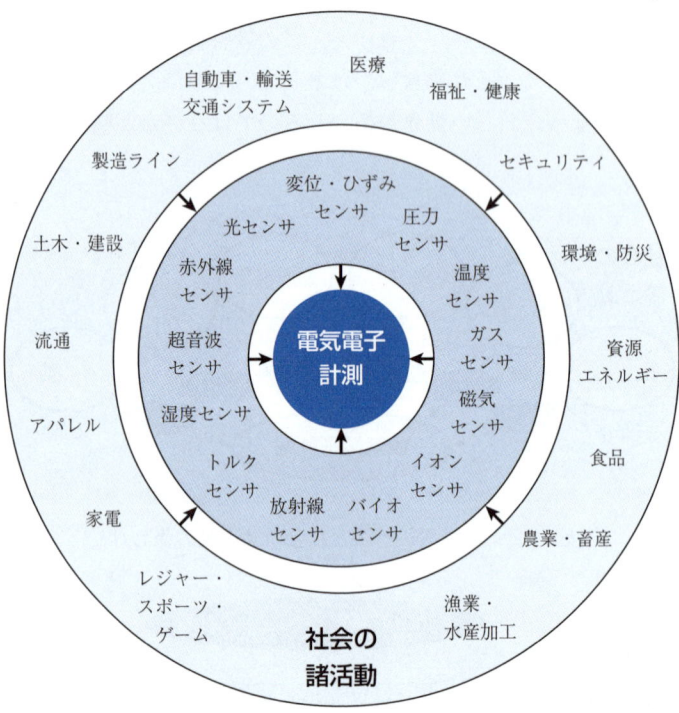

図 1.4　社会におけるセンサとセンサを介した電気電子計測の主な活動分野

1.3 社会におけるセンサを介した電気電子計測の役割

わが国で最初にセンサが注目されたのは，第二次世界大戦後の工業の復興時における産業界の製造ラインと考えられる．当時，オートメーションという言葉で代表される，製造ラインの自動化の動きの中で，ラインにおける位置情報のオン・オフ機能をマイクロリミットスイッチで行うことができたことが，生産・供給の拡大に大きく寄与している．その後，半導体技術の発展に伴い，スイッチも様々な種類の近接スイッチが開発されるようになった．さらに，光応用，超音波応用，磁気，静電容量，インダクタンスなど各種要素技術の進化に伴い製造ラインのセンサはインテリジェントセンサシステムとして，産業界の製造ラインで必要不可欠なパーツとなっている．それゆえ，センサ技術が必要となる応用電気電子計測の主要なフィールドとして第一に挙げられる分野は各種産業界の製造工程であるといえる．たとえば，製造ライン上の不良品の識別や製品の仕分け作業などに係わるセンサ群とそれらによる電気電子計測は全体のシステムの重要な一部となっている．

また，わが国の産業界の主要分野である自動車製造において，今やセンサを介した電気電子計測が重要な役割を担っている．心臓部といえるエンジンの最適な燃焼タイミングの制御には的確なセンサによる計測情報が関係している．運転に係わる部分には数多くのセンサが装備されていて快適で安全な走行を可能としている．最近は危険時の自動ブレーキやバック車庫入れ時のセンサも話題になっている．図 1.5 に自動車製造におけるセンサと電気電子計測の役割を示す．

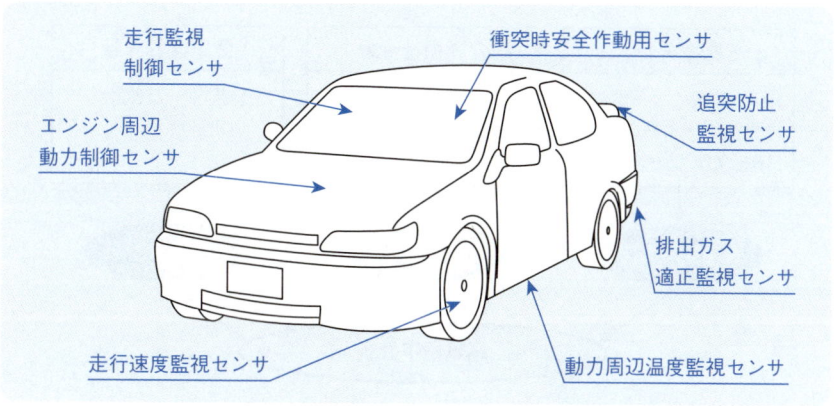

図 1.5　自動車製造におけるセンサと電気電子計測

近年，センサを伴う応用電気電子計測が急速に主要な位置を占めるようになった社会の活動分野に医療の領域がある．今や電子技術なくしては先端的な医療が前に進まないとさえいえる．この分野におけるセンサを介した電気電子計測技術の役割は極めて重要である．超音波診断，レーザメス，内視鏡ファイバカメラ，磁気共鳴断層撮影装置（MRI），コンピュータ断層撮影装置（CT）などの多様な医療用エレクトロニクス機器が重要な役割を果たしている．

また，医療分野のみならず，介護福祉分野や健康機器にも数多くのセンサが重用され，さらにセンサを介して電気電子計測が果たしている役割も大きい．

図 1.6 に医療分野や介護福祉分野，健康機器分野におけるセンサと電気電子計測の係わり状況を示す．

わが国の社会状況の中で，環境・安全・防災に係わる分野も近年は極めて重要な位置にあるといえる．ここでも，放射線計測をはじめ，各種センサとそれを介しての電気電子計測技術が主要な位置にあることがわかる．図 1.7 にその様子を示す．

その他，これからのエネルギー問題を見据えたスマートグリッドを含む電力システムの領域，一次産業とはいえ，新しい展開が見える農業や漁業の分野，食品，アパレル，流通など生活に密着した諸産業，建築・土木などインフラ領域，ゲーム機や玩具などのアミューズメントの分野，スポーツ産業など，数え上げるときりがないほど多様な社会の諸分野の各種情報はセンサとセンサを介して

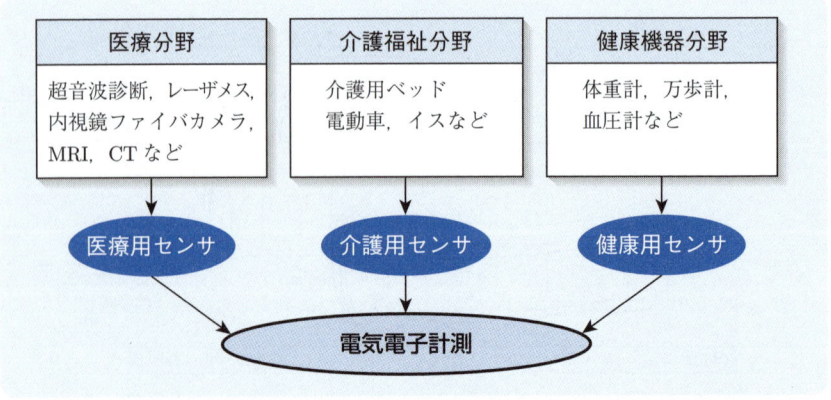

図 1.6　医療分野，介護福祉分野，健康機器におけるセンサと電気電子計測

1.3 社会におけるセンサを介した電気電子計測の役割

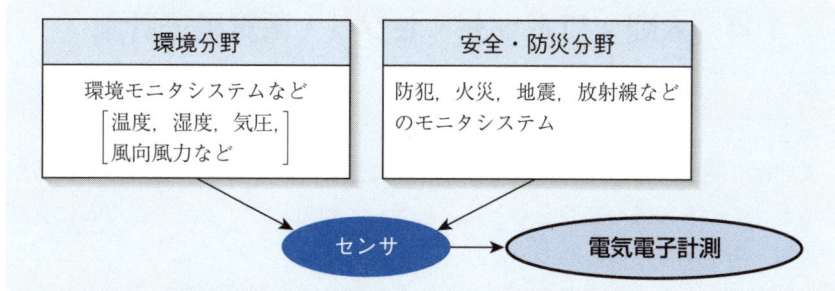

図 1.7 環境・安全・防災に係わる分野のセンサと電気電子計測

電気電子計測が係わっている．さらに将来的には全く新しい分野が創出されるかもしれない．それらの全ての分野の情報と係わる各種センサ，そして，それらのセンサを介して関係する電気電子計測は今後ますます重要な役割を担うことになるであろう．

■ 例題 1.1 ■

近年，世の中に広く知られるようになったセンサ．このセンサは電気量以外の様々な情報と電気電子計測の橋渡し的な役割を担っている．なぜ，電気量以外の情報をセンサを用いて電気量に変換するのか，その理由を述べよ．

【解答】 いくつかの理由が考えられる．第一に，電気量は扱いやすく，データ処理しやすいものであること．第二にコンピュータの出現と普及．電気量をディジタル信号化してコンピュータや演算処理機能でデータ処理することで，データを様々に加工したり，記憶させたり，表現させたりすることが容易にできるようになったこと．

● **センサとトランスジューサ** ●

近年はテレビや新聞でもよくセンサという言葉を見聞きするが，センサは比較的新しい言葉で，内容は若干異なるが，古くはトランスジューサと呼ばれていたことが多い．日本語では変換器としていた．文字通り，何かを何かに変換する装置である．最も古いセンサといわれる水銀温度計は水銀の膨張から温度情報を得たのであるが，現在のコンピュータを駆使した計測の時代には，様々な情報を電気信号に変えるデバイスをセンサと称することが多い．

1.4 人間・ロボット・センサ・電気電子計測

最後に，人間の五感とロボットのセンサ，さらに電気電子計測の関係を考えてみる．

人間は五感で得た情報を神経を介して脳に送って，そこで，得られた情報や蓄積されている知識や経験をもとに，思考し，判断して，手足や口などに行動や発声を指示するといわれている．

人型ロボットもこの人間の一連の行為を模倣して外部情報の入手に係わるセンサを研究開発しているが，そう容易なものではない．

人間が外部からの情報の7割を取得しているといわれる視覚に対応するものに，光をベースにした視覚センサがある．しかし，未だ，人間の目の機能の代替には程遠い状態である．人間の聴覚に対応するものがロボットではマイクロフォンになる．音を拾うという点ではある程度の機能を果たしているが，これだけでは内容の分析はできない．人間の触覚に該当するセンサはまだ開発途上にある．人間の味覚や嗅覚は化学や生体の分野で複雑である．ロボットが人間と同じ五感をセンサで実現させるのはさらなる研究開発が必要である．

しかし，ロボットには人間にない機能を付与することができる．たとえば，視覚に赤外線センサ，聴覚に超音波センサを加えることで，人間では体感できない感覚情報を獲得することができる．図1.8に示すように，これらのセンサを介して得られる電気信号による電気電子計測が人間とは一味違った新しいロボットを構築することが可能になるかもしれない．

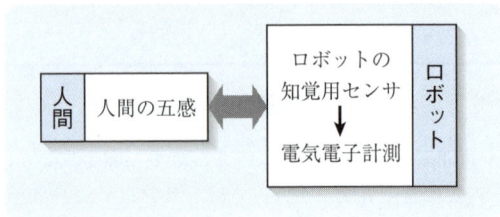

図1.8 人間の五感およびロボットのセンサと電気電子計測の関係

1章の問題

- **1.1** 基礎電気電子計測と応用電気電子計測の違いは何か．
- **1.2** 応用電気電子計測におけるセンサの役割を述べよ．
- **1.3** 応用電気電子計測は社会のどのような分野で係わりを持っているかを述べよ．
- **1.4** 医療分野で電気電子計測が係わる具体的な例を一，二挙げよ．

第2章

光−電気変換

　光情報は私たちの日常生活で最も身近なもので，かつ，非常に重要な情報である．また，産業や医療など様々な分野で不可欠な存在となっている．この章では私たちの目に見える光である可視光の領域での光情報を電気信号に変換する仕組みについて学ぶ．

■ 2章で学ぶ概念・キーワード
- 光−電気変換とは
- 光−電気変換の種類
- 外部光電効果と内部光電効果
- 光電子放出
- 光導電効果
- 光起電力効果
- イメージセンサ

2.1　光–電気変換とは

　光情報は現代社会において最も広範な情報源であり，**光センサ**の果たす役割は極めて重要である．人間の取り込む情報のおおよそ7～8割は目から視覚という形でもたらされるといわれている．

　図2.1に示すように，光は広い意味で電磁波に属し，波長の違いにより，光（ここでは目に見える光である可視光のことを指す）であったり，赤外線であったり，紫外線であったりする．可視光の波長領域はおおよそ380 nmから780 nmの範囲で，波長の長い方から短い方に向かって，虹で知られる赤橙黄緑青藍紫の7色で表現される．ただし，通常，目にはそれらの波長の光が合体して入ってくるので，色のない光，すなわち，白色光として認識される．ちなみに，波長380 nmより短くなると，その光は紫外線と呼ばれ，波長780 nm以上では赤外線となる．

　本章では，可視光の意味である光によってもたらされる様々な情報を紹介し，また，その光情報を電気的な信号に変換する手段や原理について学習する．すなわち，**光–電気変換**のメカニズムを明らかにし，そのことを具現化した光センサについて解説する．

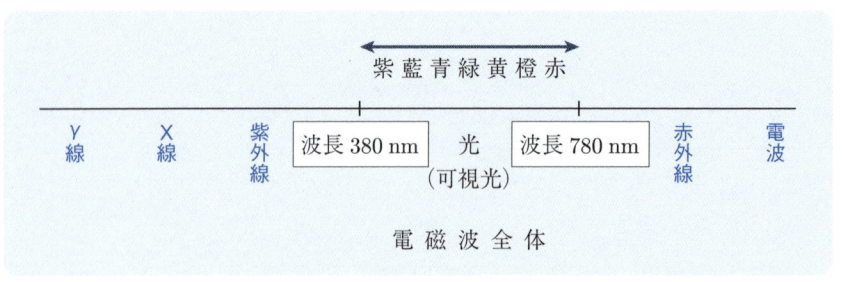

図2.1　電磁波中の光の位置

2.2 光−電気変換の種類

光を電気に変換する現象を**光電効果**という．

光電効果は図 2.2 に示すように，大きく，**外部光電効果**と**内部光電効果**に分類される．

ここで，外部光電効果はある種の物質に光が照射されたときに，それによって物質の外に電子が放出されることであり，これを**光電子放出**（2.3 節）と呼んでいる．

一方，内部光電効果もある種の物質に光が照射されると，この場合は，それによって物質内部に電子の移動が生じることである．

内部光電効果は図 2.3 に示すように，さらに，**光導電効果**（2.4 節）と **光起電力効果**（2.5 節）に大別される．

光導電効果は光が照射された物質の抵抗値が変化する現象である．一方，光起電力効果は光が照射されることによって，その物質に起電力（電圧）が発生する現象である．

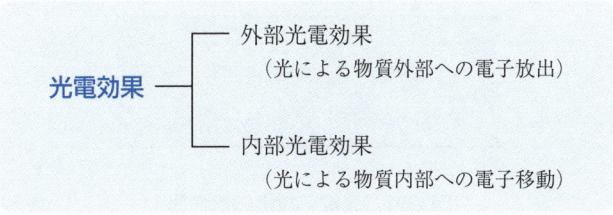

図 2.2 光電効果の分類

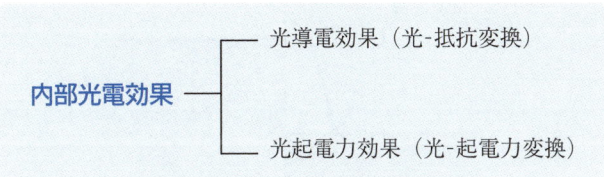

図 2.3 内部光電子効果の分類

2.3 光電子放出

外部光電効果は**光電子放出**と呼ばれる．図 2.4 に示された概念図のように，ある金属などに光が照射されたときに，その物質表面の電子が光の照射によって，外部に**光電子**として放出されることである．

金属の場合は，図 2.5 にその原理が示されるように，真空中に電子が放出されるためには真空準位と個々の金属が有するフェルミ準位の差のエネルギーである仕事関数 ϕ_M より大きなエネルギー E が光によって与えられなければならない．光の周波数を ν，プランク定数を h とすると，光量子についてのアインシュタインの関係式 $E = h\nu$ から，光電子放出の条件は $E = h\nu \geqq \phi_\mathrm{M}$ と表される．なお，光量子は光子あるいはフォトンと同義で，波である光を上記のように粒子の流れとして考える場合に用いる表現である．

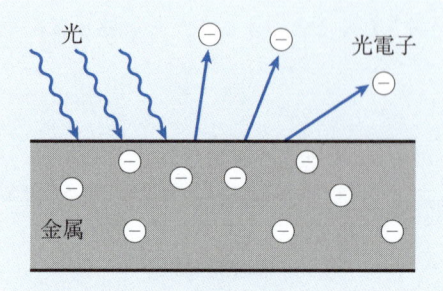

図 2.4　光電子放出の概念図

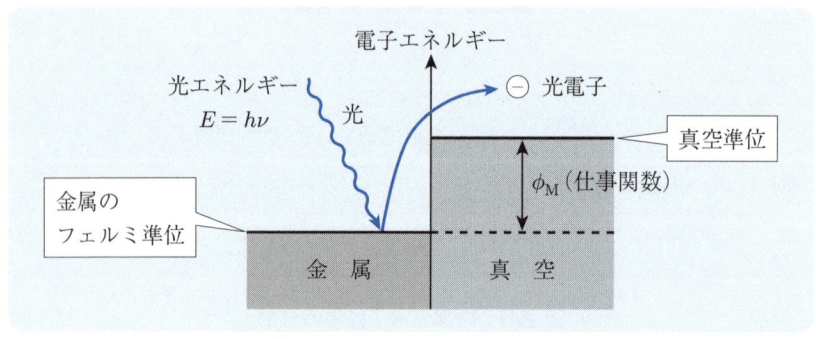

図 2.5　金属の場合の光電子放出の原理

2.3 光電子放出

また，光の波長を λ，光速を c とすると，$\lambda = \frac{c}{\nu}$ ゆえ，この式を $E = h\nu \geqq \phi_M$ に代入すると，$\frac{hc}{\lambda} \geqq \phi_M$ となる．

ここで，プランク定数 h，光速 c は共に基礎定数で一定ゆえ，hc が一定の条件の下では，ある金属の仕事関数 ϕ_M に対し，照射する光の波長 λ が小さい，すなわち短波長であるほど，光電子放出が起こり得ることがわかる．

金属の場合，光電子放出が起きるのは紫外線か波長の短い可視光のみであるが，セシウムとアンチモンの組合せなど，ある種の化合物半導体において，その仕事関数を小さくすることによって，より広範な可視光領域あるいは近赤外でも可能となっている．

光電子放出の具体的な応用として，図 2.6 に示すような，**光電子増倍管**がある．これは光の照射によって金属などの表面から発生した二次電子をさらに金属などの表面に照射することにより，次々と光電子が増倍され，結果的に入射時の光が大増幅された状態になる．この仕組みにより超高感度光センサを実現でき，微弱な宇宙の光の検出や高感度の撮像管として利用されている．次節以降の装置に比べて，比較的大型であることと高電圧の印加が欠点といえる．

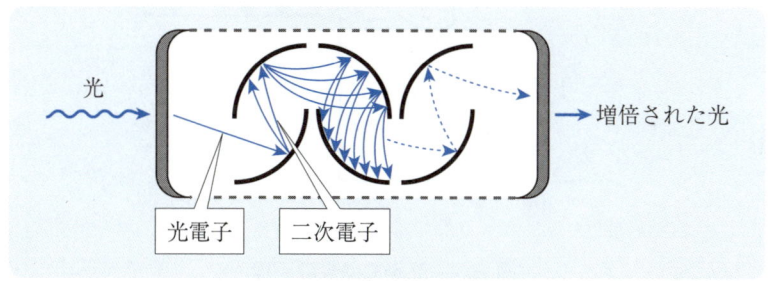

図 2.6 光電子増倍管の仕組み

■ 例題 2.1 ■

鉛（仕事関数が $4.20\,\mathrm{eV}$）の場合，光の波長が何 $\mu\mathrm{m}$ 以下のとき，光電子放出が起きるか計算せよ．ただし，一定値 hc は $1.24\,\mathrm{eV\cdot\mu m}$ である．

【解答】 光電子放出の条件 $\frac{hc}{\lambda} \geqq \phi_M$ にそれぞれ数値を代入すると，鉛の場合は $\lambda \leqq \frac{1.24\,[\mathrm{eV\cdot\mu m}]}{4.20\,[\mathrm{eV}]}$，すなわち，$295\,\mathrm{nm}$ 以下の波長である． ■

2.4 光導電効果

光導電効果は内部光電効果の一つで，光照射によって物質内の電気抵抗が変化する現象である．この効果を用いた主な装置としては，光の強弱による可変抵抗器あるいは光の有無によるオンオフスイッチがある．

一般に，半導体や絶縁体に光を照射すると電子が励起する．一方，光導電効果の場合は，たとえば図 2.7 に示すように，半導体において，その価電子帯の電子あるいは禁制帯の不純物レベルにおける電子が光の照射により励起され，伝導帯に移動する．その結果，伝導帯の伝導電子が増加し，結果的に電気伝導度が大きくなる．このことは電流が流れやすくなることで，等価的に抵抗が小さくなったといえる．

古くから最もよく知られた可視光領域における光導電素子として，図 2.8 に示すような硫化カドミウム（CdS）セルがある．この **CdS セル**はセラミック基板に CdS を塗布した後に焼結して作られたものが多い．一般に形状が蛇行し

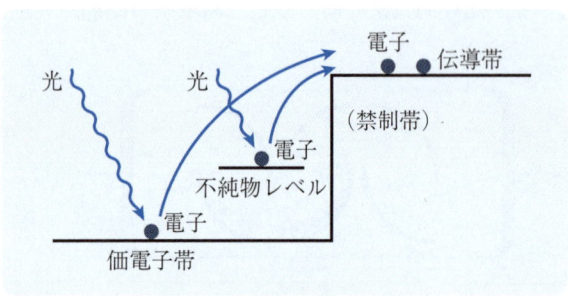

図 2.7　光導電効果の原理

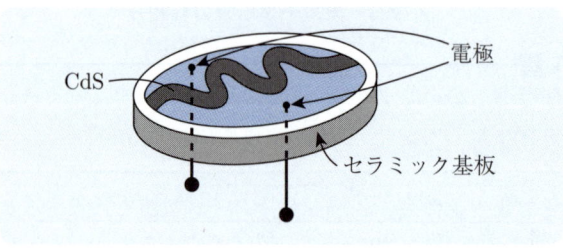

図 2.8　硫化カドミウム（**CdS**）セルの模式図

2.4 光導電効果

ているのはくし型電極により，抵抗変化の効率を良くする目的である．

次節で説明する光起電力効果に比べて応答時間が遅いのが欠点であるが，それでも応答時間は 10 ms～100 ms である．また，CdS セルは人間の眼の光認識領域をカバーする波長–感度特性を示すため，従来から，眼の代替としてのカメラの露出計に用いられることが多かった．また，CdS セルの構造や使用面での簡便さや安価であることから，昼には自動的に消灯する街灯の光スイッチなど様々な光に応答するスイッチとして広く用いられている．実際，暗いときは数 $M\Omega$ の抵抗が光の照射で $10\,k\Omega$ 程度に激変する．

■ 例題 2.2 ■

光電子放出と光導電効果とはどのように違うのかを述べよ．

【解答】 光電子放出は外部光電効果とも呼ばれる．これはある金属などに光が照射された際，その光のエネルギーが金属の仕事関数より大きいとき，金属表面の電子が外部に光電子として放出される現象である．

一方，光導電効果は内部光電効果の一つで，光照射によって物質内の電気抵抗が変化する現象である．半導体における価電子帯の電子あるいは禁制帯の不純物レベルにおける電子が光の照射により励起され，伝導帯に移動する．その結果，伝導帯の伝導電子が増加し，電気伝導度が大きくなる現象である．

● 虹は六色？ ●

日本では虹は七色といわれているが，世界を見渡すと，これが国によってまちまちで，二色とか三色という地域もある．アメリカではもっぱら六色という人が多い．文化や伝統の違いが理由かと思いがちだが，アメリカでも古くは七色といっていた時代もあったらしい．実際に虹を注意深く見てみると，青と紫の間の藍色の部分は確かにちょっと少ない感じがする．虹は七色という慣例にとらわれなければ，微妙なところであるが，藍色は青色の一部とみてしまう方が自然という，米国での教育上の実際の観察からきているらしい．

色に関して，人間がこの程度ゆえ，動物はもっとわけがわからない．闘牛でマントが赤色なのは牛が興奮するからと思いきや，実は牛は赤色を識別できない．では，なぜ赤マント．それは見物の群衆が赤マントに興奮するから?!

2.5　光起電力効果

内部光電効果のもう一つの効果である，**光起電力効果**は今日最も広く用いられている光電効果である．この効果はp型半導体とn型半導体で形成されたpn接合に光が照射されたときに生じる．光照射による起電力発生の原理を図2.9に示す．p型半導体とn型半導体の接合部にはポテンシャル障壁があり，図2.9のような勾配を有している．今，ある程度以上のエネルギーの光がこの部分に照射されると，それによってp型半導体に生成した電子・正孔対の電子が勾配によってn型半導体側に移動し，一方，n型半導体で生成された電子・正孔対の正孔が同様の理由でp型半導体側に移る．この結果，光照射により，n型半導体側は負に帯電し，p型半導体側が正に帯電することになる．結果的に，pn接合間に電位差が発生する．これを**光起電力**という．このような効果が起きるように，pn接合部に光が入射できるようにした素子を**フォトダイオード**という．図2.10に代表的なフォトダイオードを示す．

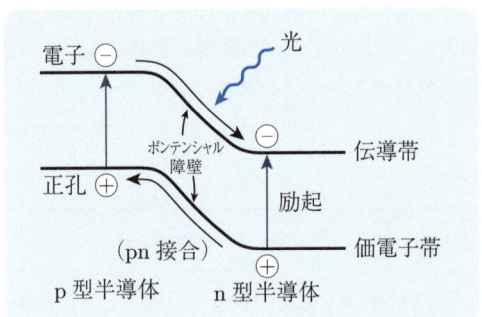

図2.9　pn接合における光起電力効果の原理

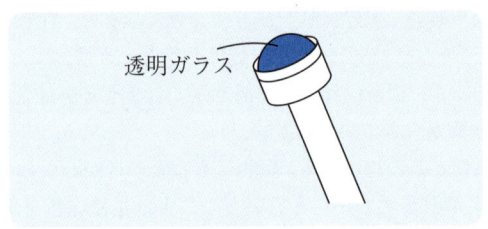

図2.10　代表的なフォトダイオード

2.5 光起電力効果

フォトダイオードは小型・軽量で，応答速度や直線性にも優れ，波長感度が広く，低雑音であるなど多くの長所を有する．一方，出力電圧が小さい点が欠点である．そのため，通常は増幅して使用する．

フォトダイオードの欠点を補うものとして，**フォトトランジスタ**がある．これは通常のトランジスタのように，pnp 型あるいは npn 型の構造で，たとえば，図 2.11(a) に示す npn 型フォトトランジスタではベース端子のある p 型半導体の部分のベースの部分にベース電流を流すかわりに，光を照射してトランジスタの機能を働かせるように形成した素子である．npn 型の場合でいえば，図 2.11(b) のように，ベースに光が照射されると電子・正孔対が生じ，正孔の方はポテンシャルエネルギーの低いベース領域に蓄積され，エミッタ–ベース間の障壁を低くする．一方，図 2.11(c) に示されるように，ベースに生じた電子の方は接合内部の電界によってコレクタの方にドリフトする．それに伴って，エミッタの電子はエミッタ–ベース間の障壁が低くなっているのでベースに拡散し，さらにコレクタに加速的に流れることになる．これはベース電流で制御する通常のトランジスタの動作と同じ状況と見ることができる．

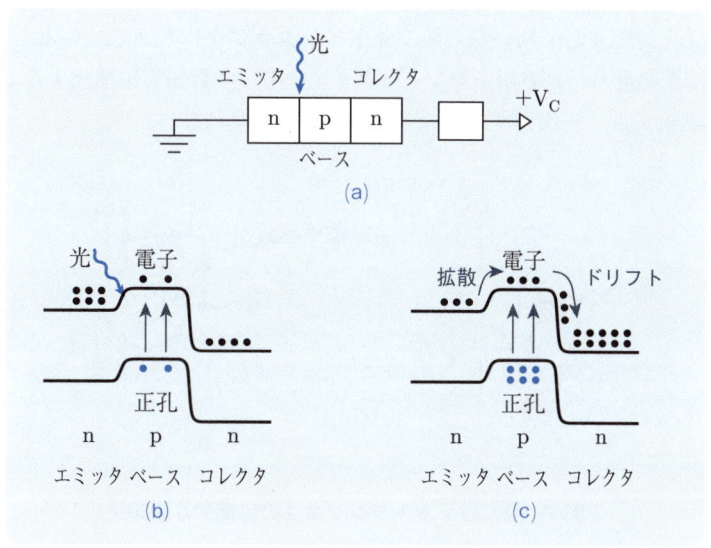

図 2.11　フォトトランジスタの動作原理（**npn** 型の場合）

フォトトランジスタは通常，図 2.12(a) のように表す．この場合，ベース端子がなく，その部分に光が照射できる透明のスペースがある点で，外観はフォトダイオードに似ている．

一方，フォトダイオードとトランジスタを結合した構造と見ることもできる．その場合は，図 2.12(b) のように表現することもできる．すなわち，フォトダイオードで光情報を電流に変換し，その電流をトランジスタの増幅制御用のベース端子に供給することでトランジスタの増幅機能を作動させる形態である．

フォトトランジスタは増幅機能がある点で，フォトダイオードより利便性があるが，応答速度で劣る．これは一連の動作プロセスが，光により発生した電子の流れを直接用いるのではなく，エミッタからの拡散電流を用いるためである．そのため，フォトダイオードとフォトトランジスタは目的に合わせて使い分けることが多い．

フォトダイオードはフォトトランジスタに比べて応答時間が速いことから，それらの特長を活かした光リモコンやアナログ信号用検出器など受光デバイスとして用いられる．一方，フォトトランジスタは応答時間がフォトダイオードより遅いが高感度であることを利用した**光電スイッチ**などの分野で用いられる．発光・受光対応として用いられる**フォトインタラプタ**にも適している．

なお，光起電力効果を用いたフォトダイオードは多数個を集積化することで，次節に説明する，一次元や二次元のイメージセンサとなる．

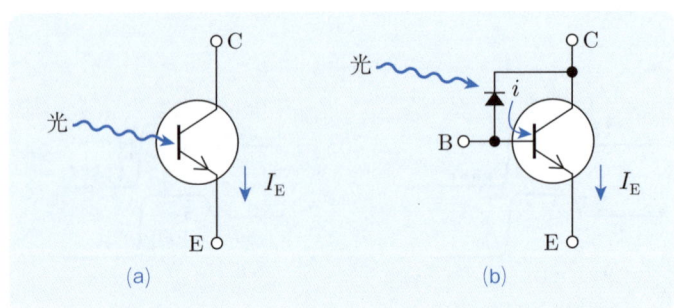

図 2.12　フォトトランジスタの等価的な表現

2.6 イメージセンサ

　フォトダイオードを一列に並べた，一次元リニアイメージセンサはファクシミリや複写機のパターン読み取り，非接触での位置や寸法の計測に用いられる．二次元構成の場合は画像読み取りやビデオカメラの画像センサとして広く用いられている．

　この場合，集積化して配列した大量のフォトダイオードの個々の光情報を高速で取り込んでいくためのスキャニング機構が必要である．

　ここでは代表的な CCD 方式と MOS 方式を紹介する．**CCD 方式**は電荷結合素子（charge-coupled device）と呼ばれる通り，図 2.13 に示すように，電荷を貯めて，その電荷を次々とシフトしていくことで信号を読み出す方式である．

　一方，**MOS方式**は個々のフォトダイオードと一体になった **MOSFET**（電界効果型トランジスタ）を図 2.14 に示すように，オンオフスイッチとして用い，順次切り替えながら個々のフォトダイオードの光情報を伝えていく方式である．

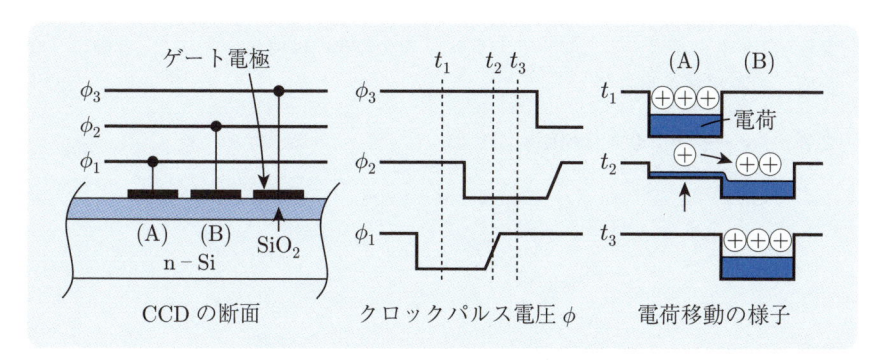

図 2.13　CCD の電荷移動の仕組み

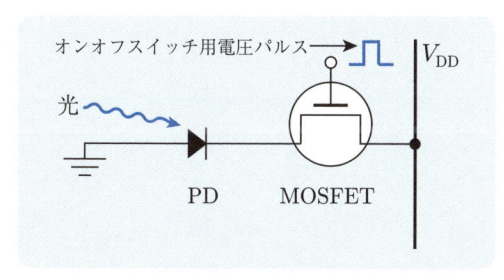

図 2.14　MOS 方式における信号読み出しの仕組み

2章の問題

- **2.1** 光電効果の分類に関して，以下の表の (A)〜(D) の空欄を埋めよ．

	(A)	(B)
光電効果	内部光電効果	(C)
		(D)

- **2.2** 光電子放出とはどのような現象か簡単に述べよ．また，光電子放出はどのようなことに用いられているか．

- **2.3** 銅（仕事関数が 4.60 eV）の場合，光の波長が何 μm 以下のとき，光電子放出が起きるか計算せよ．ただし，一定値 hc は $1.24\,\mathrm{eV}\cdot\mu\mathrm{m}$ である．

- **2.4** 光導電効果と光起電力効果の違いを述べよ．

- **2.5** 代表的な光導電素子である CdS セルはどのようなところで実際に用いられているか．

- **2.6** フォトダイオードとフォトトランジスタの違いは何か．互いに，どのような長所，短所があるか述べよ．

- **2.7** イメージセンサとは何か説明せよ．

第3章

光-電気変換の周辺

　ここでは2章において記述されていないが，社会で重要な役割を担っている，光-電気変換関連の様々な効果や測定装置について解説する．

　それらは，赤外線-電気変換，光ファイバ，レーザなどである．

■ 3章で学ぶ概念・キーワード
- 赤外線-電気変換
- 光ファイバ計測
- レーザ計測

3.1　赤外線−電気変換

赤外線は光と同じ電磁波に属し，波長の違いにより，光または**赤外線**となる．図 3.1 に電磁波全体の中での光と赤外線の位置を示す．この場合の光は可視光を意味しており，人間の目で見ることのできる可視光の波長領域はおおよそ 380 nm から 780 nm の範囲である．波長 780 nm 以上からの光を赤外線と称している．780 nm 付近が可視光の中でも赤色の部分ゆえ，その外側にあるという意味で赤外線と称し，この赤外線を目で認識できない．図 3.1 からもわかるように，赤外線は可視光に近い，波長 780 nm 近傍から 1.5 μm あたりまでを近赤外，1.5 μm から 5 μm 程度までを中赤外，それ以上を遠赤外と呼ぶことが多い．それぞれの領域によって赤外線の特性も異なることから，用途も違ってくる．

赤外線での大きな特徴は熱的な性質を有していることである．しばしば，赤外線のことを熱線と呼ぶこともある．現代社会では赤外線が様々な分野で重要な役割を担っている貴重な存在となっている．あるときは熱的な性質が用いられ，あるときは赤外線の量子としての特性が利用される．身近な例としては様々な電子機器のリモコンやドアの開閉，手洗い場の蛇口の水のオンオフがある．また，暗闇の中の物体を撮影する暗視カメラや物体の表面温度分布を計測し，画像化する**サーモグラフィー**（6.4 節）なども赤外線を用いている．人間の入室を感知し室内の照明を点灯させる**人感センサ**も赤外線が使われている．

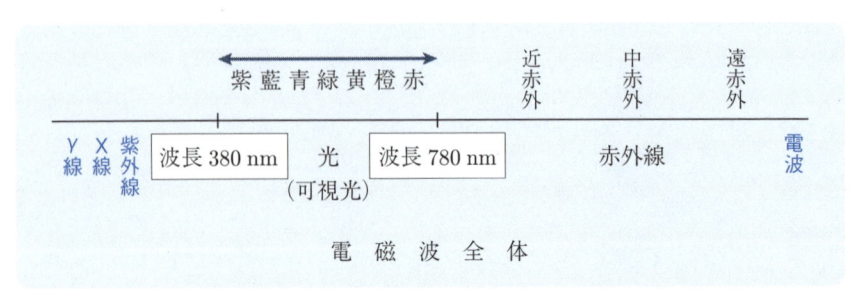

図 3.1　赤外線と光（可視光）の関係

3.1 赤外線–電気変換

赤外線–電気変換では大別すると，**図 3.2** に示すように，光–電気変換で紹介した光起電力効果や光導電効果と同じ原理で用いられる，**量子型**と称するものと，赤外線特有の性質を利用した**熱型**がある．

量子型には，InAs や InSb などによる赤外線用フォトダイオードを用いた赤外線–起電力変換，あるいは，PbS, CdS, HgCdTe（水銀カドミウムテルル）などを用いた赤外線における光導電効果による赤外線–抵抗変換がある．この量子型の特長は検出感度が高く，応答性も良いということである．しかし，一方で，使いづらさとして，波長依存性が強いことと，雑音を抑えて高感度を得るために冷却が必要であることが挙げられる．

一方，赤外線の最大の特長である熱を用いた，熱型を分類すると，熱起電力効果，熱導電効果，焦電効果に分けられる．

熱起電力効果は，熱電対のようなものを束ねた形のサーモパイルを用いて，赤外線入力による起電力出力変化を得るものである．また，**熱導電効果**は，サーミスタやボロメータなどを用いた，赤外線–抵抗変換である．

一方，**焦電効果**は，赤外線照射による温度の影響で，**PZT**（ジルコン酸チタン酸鉛），**LiTaO₃**（タンタル酸リチウム）などの自発分極状態の強誘電体の表面に電荷が発生する効果である．

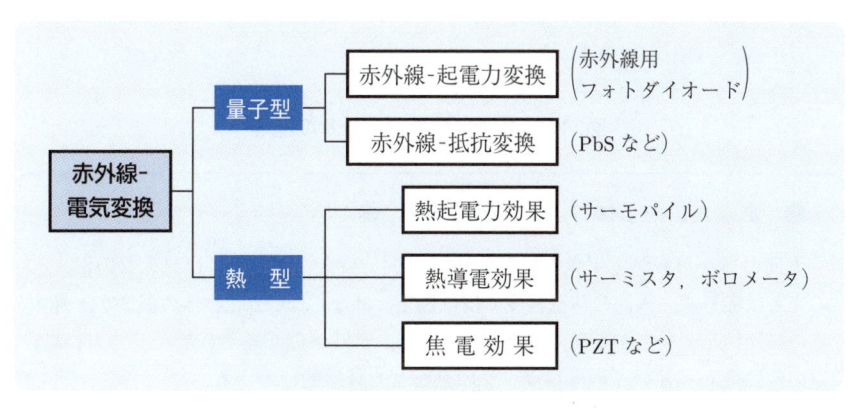

図 3.2　赤外線–電気変換の種類

図 3.3 に**焦電型赤外線センサ**の原理の概略を示す.

通常は図(a)のように表面電荷が平衡を保っているが,赤外線の照射により,図(b)のように内部の自発分極の大きさが変化し,表面電荷が現れる.ただし,時間と共に図(c)のように平衡状態に戻ろうとするので,赤外線はオンオフを繰り返すチョップ状の入力形状が要求される.

この焦電効果の特長としては,波長依存性がないこと,素子の冷却が不要であることなどによる使い勝手の良さが挙げられる.一方で,検出感度が低いことや応答性が悪いことなどが欠点といえる.

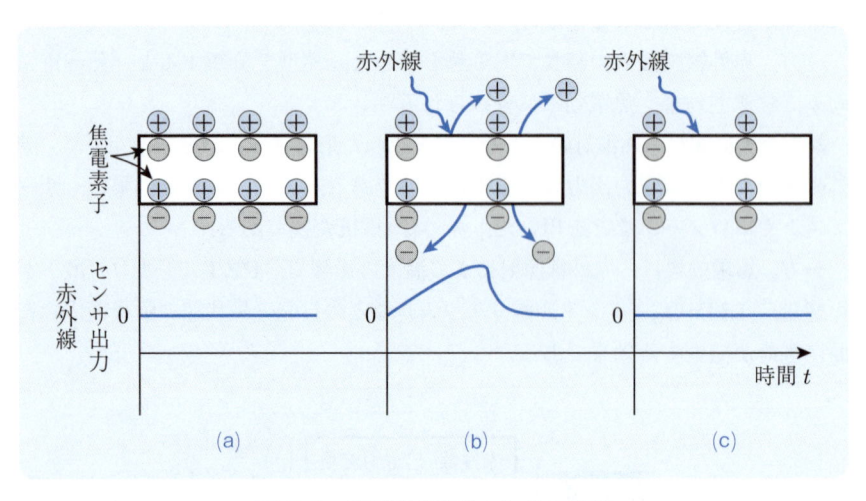

図 3.3 焦電型赤外線センサの原理

● あなたにも仏様のように後光が!? ●

人間の体からも絶えず光が放射されている! 残念ながら目には見えないが,その光とは赤外線.人間の体温程度では可視光にはならないが,物体の温度が上昇するのに比例して発生する光の波長も短くなり,赤外から可視光の赤色,さらには青白い色に変わっていくのはロウソクの炎などで経験的にわかる.

人体から放射される赤外線は目には見えないが,赤外線センサカメラ(サーモカメラ)を使うと真っ暗中でも人の動きが撮影できることで人間の体から赤外線が出ていることがわかる.ビルの暗い廊下で人を察知してライトが点灯するのは人感センサという人間の赤外線を検知するセンサが働くことによる.

3.2 光ファイバ計測

　光ファイバとは図 3.4 に示すような，透明度の高いガラスやプラスチックなどの材料からなる細線で，屈折率の高い中心部（コア）と屈折率の低い周辺部（クラッド）で構成される．コアに光を照射した際，コアとクラッドの関係から，内部で光が全反射する性質を利用して，入射した光を線内に閉じ込め，効率の良い光の導路として用いる．従来，光通信ケーブルとして広く採用されているが，このツールをセンサとして用いることにより，光ファイバ固有の様々な計測を行うことができる．ここでは，光ファイバセンサによる各種計測技術を説明する．

　光ファイバを用いる計測には大きく分けると，**受動型光ファイバ計測**と**能動型光ファイバ計測**がある．

　受動型光ファイバ計測は光ファイバを光の線路として用いる．たとえば，図 3.5 に示すように，ある被測定物体の熱による光強度を知るため，光検出器を近くに設置できないときなどに光ファイバの一方の先端を物体に近接させる．光ファイバの他端は離れた場所の光検出器に接続することにより，結果的に被測定物体の熱による光強度を検出することができるなど，光ファイバが主に情報伝送媒介という場合である．

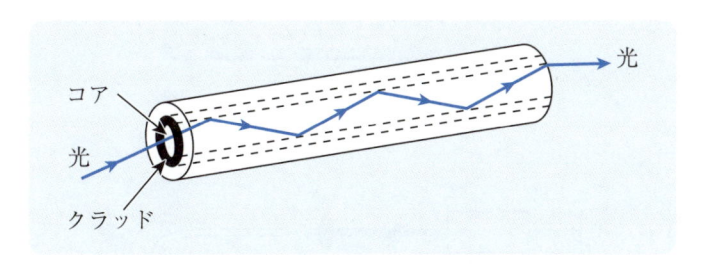

図 3.4 光ファイバの構造

図 3.5 受動型光ファイバ計測の一例

また，光ファイバの反射光の干渉によるドップラーシフト周波数を利用した図 3.6 に示すような**ドップラー血流計**がある．

一方，より積極的に光ファイバそのものがセンサの役割をすることで，光ファイバ固有の計測を可能とする能動型光ファイバ計測がある．この場合は，光ファイバの有する特性，すなわち，位相，偏波面，周波数，強度などのどの部分を利用して情報を検出するかによって，いくつかのケースに分けることができる．図 3.7 には圧力や温度を測定するための，**ハイブリッド型マッハツェンダ干渉計**としての光ファイバの使用例を示している．

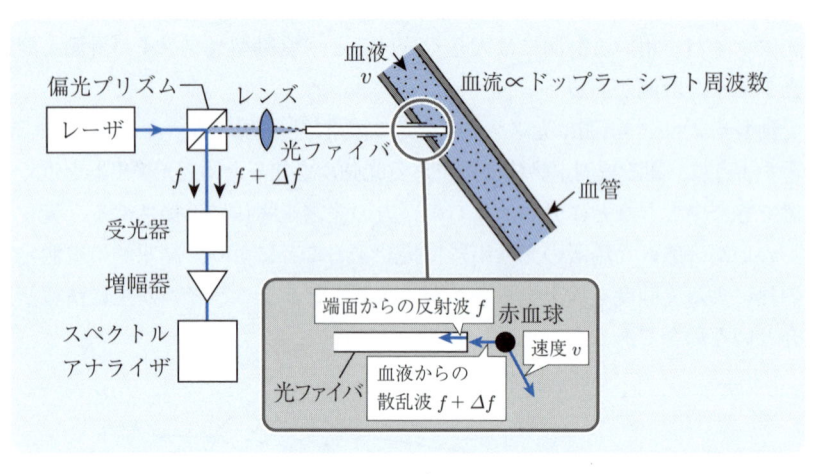

図 3.6 ドップラー血流計

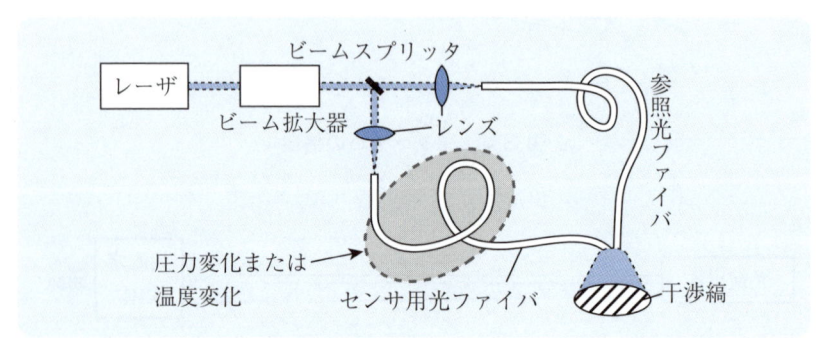

図 3.7 圧力，温度測定用ハイブリッド型マッハツェンダ干渉計としての光ファイバの使用例

3.2 光ファイバ計測

ファブリ–ペロー干渉計を利用した光ファイバによる**カルマン渦流速計**を図3.8に示す．流れに対して直角に光ファイバを設置し，障害物とすることで流れにカルマン渦列が発生する．これにより負圧が生じ，光ファイバが振動する現象を利用する．この振動周波数は障害物の大きさに反比例し，流速に比例することが知られている．

光ファイバの伝搬損失の変化を利用するものとしては図3.9の**圧力計測**がある．圧力によってファイバが変形し，それによって光伝搬が損なわれることの程度で結果的にファイバへの圧力情報を知ることが可能となる．

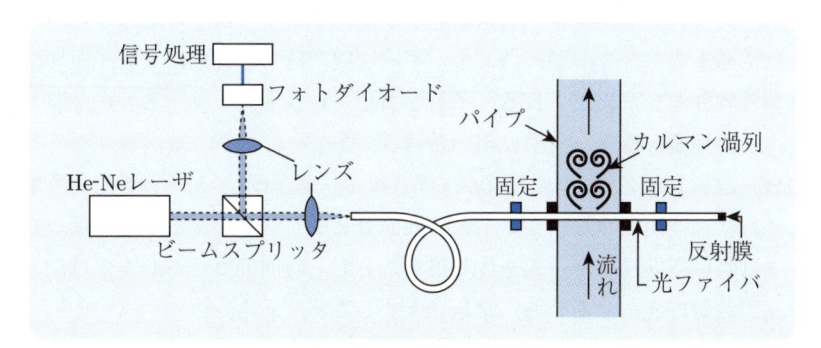

図3.8　ファブリ–ペロー干渉計を利用した光ファイバによるカルマン渦流速計

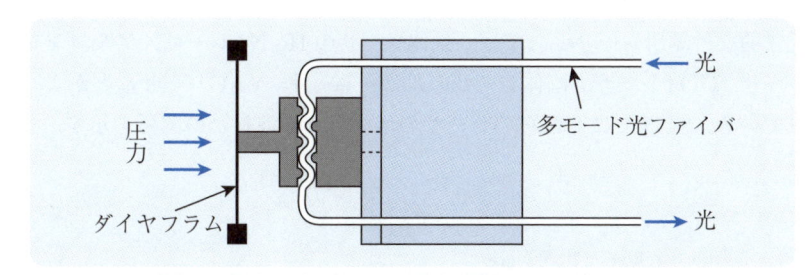

図3.9　光ファイバの伝搬損失の変化を利用した圧力計測

例題 3.1

光ファイバをセンサとして積極的に用いた能動型光ファイバ計測では光ファイバのどのような特性が利用されているか．その特性を挙げよ．

【解答】　光ファイバの位相，偏波面，周波数，強度などの特性がセンサの機能として利用されている．

3.3 レーザ計測

　レーザは可視光だけでなく，紫外線から赤外線までの広い範囲の光を増幅して放射する装置である．レーザは元々英語で light amplification by stimulated emission of radiation と表現し，訳すと，輻射の誘導放出による光増幅となる．この英語表示の各語の頭文字を集めると laser となることから，一般にレーザと呼ばれている．

　レーザの原理は図 3.10 に示すように，ある種の物質に外部から光が照射されると，内部の低エネルギー状態の電子が高エネルギー状態に励起される．その後に位相をそろえて一挙に低エネルギー状態に落ちるときに入射光が増幅され，ある特殊な光が放出される．それがコヒーレント光と称するレーザ特有の光で，この性質が様々な計測に用いられる．

　コヒーレントとは，二つの光波が干渉し得る，すなわち，可干渉性という意味で，これには空間的コヒーレントと時間的コヒーレントがある．空間的コヒーレントは鋭い指向性のビームを作り得ることで，時間的コヒーレントは限りなく単一周波数の光，すなわち，単色光とすることである．

　レーザの有しているこの性質のため，長さや速度，周波数などの精密測定に重用されている．

　代表的な計測用レーザとしては，気体レーザの He-Ne レーザ，アルゴンイオンレーザ，CO_2 レーザ，固体レーザのルビーレーザ，YAG レーザなどがよく知られている．表 3.1 にそれらのレーザの用いられる波長との関係を示す．

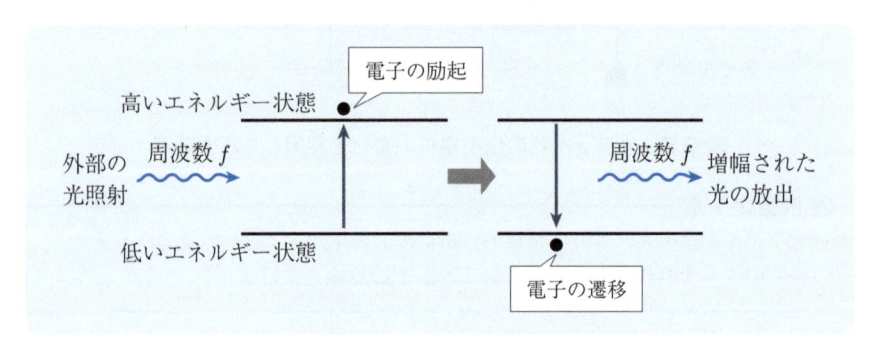

図 3.10　レーザの原理

3.3 レーザ計測

レーザに似た言葉に**レーダ**（radar）がある．これは光より波長の長い電磁波を用いて距離などを測るために多用されている装置である．しかし，距離と共に対象物のより微妙な状態を知るために，電磁波より波長の短い光を用いた**レーザレーダ**，あるいは**ライダ**（lidar）と呼ばれる装置が開発されている．雲の粒子の検出など，気象用レーダはその一例である．単純な距離測定にとどまらず，対象物の様子を広く知る情報である二次元画像化も可能となっている．図 3.11 にレーザレーダの仕組みを示す．

表 3.1 計測用レーザの使用する波長との関係

	名 称	波 長	摘 要
気体	He-Ne レーザ	633 nm	最もよく用いられている
	アルゴンイオンレーザ	488 nm, 515 nm	大出力可能
	CO_2 レーザ	10 μm 帯多数	連続発振可能
固体	ルビーレーザ	694 nm	ホログラフィー用
	YAG レーザ	1.06 μm	加工用

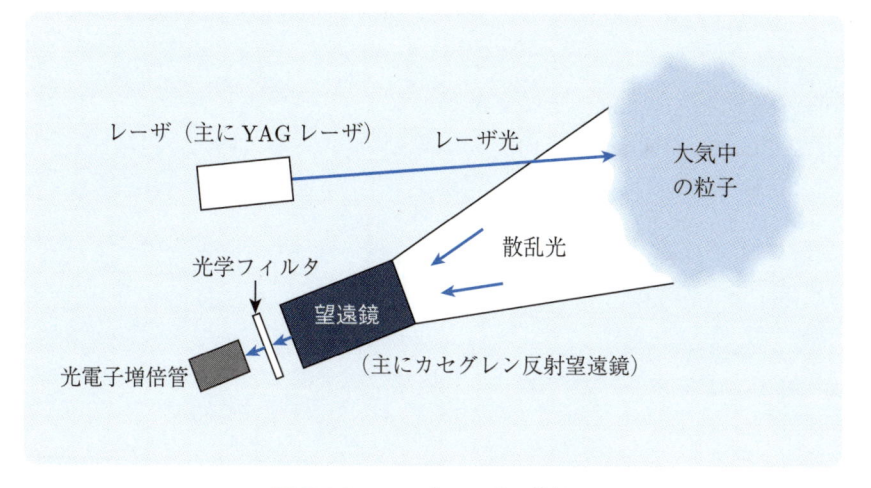

図 3.11 レーザレーダの仕組み

3章の問題

- **3.1** 赤外線–電気変換が光–電気変換と異なる部分は何か．
- **3.2** 赤外線–電気変換を二つに大別すると何と何か．
- **3.3** 焦電型赤外線センサの原理を説明せよ．
- **3.4** 光ファイバの2種類の使用法を述べよ．
- **3.5** 光ファイバの計測における具体的な使用例を挙げよ．
- **3.6** レーザの原理を簡単に説明せよ．
- **3.7** レーザレーダとは何か説明せよ．

第4章

機械量−電気変換

　機械量，すなわち変位，長さ，位置，角度，回転量などの幾何学的な量，質量，力，圧力，トルクなどの力学量，さらには速度，角速度，加速度，角加速度などの運動に関係する量は現在，社会で広く用いられている重要な量である．本章では特に圧力，ひずみ，変位の電気量への変換技術について学習する．

　また，圧力分布を知るための感圧導電性ゴムと変位や角度を直接ディジタル量で出力するエンコーダについて学ぶ．

■ 4章で学ぶ概念・キーワード
- 機械量とは
- ひずみ−電気変換
- 圧力−電気変換
- 変位−電気変換
- 感圧導電性ゴム
- エンコーダ

4.1 機械量とは

　機械量，すなわち機械装置に絡む測定量は**表** 4.1 に示すように多岐にわたる．変位，長さ，位置，角度，回転量などの幾何学的な量，質量，力，圧力，トルクなどの力学量，さらには速度，角速度，加速度，角加速度などの運動に関係する量もある．

　4 章では，その中から，主要な機械量–電気変換として，**ひずみ–電気変換**（4.2 節），**圧力–電気変換**（4.3 節），**変位–電気変換**（4.4 節）を解説する．

　また，面的な圧力情報取得に有効な**感圧導電性ゴム**を紹介する．さらに，直線変位や回転角の測定において，ディジタル量として情報を提供する**エンコーダ**について，その仕組みを説明する（4.6 節）．

　なお，次の 5 章では機械量–電気変換の周辺として，超音波を用いた様々な測定と流量，流速測定について述べる．

　機械量–電気変換でよく用いられる計器に**ストレインゲージ**がある．ひずみゲージとも呼ばれていて，薄い金属板，あるいは近年では半導体薄膜からなる複数の刻みの入った構造で，ひずみの力に非常に敏感に反応して変形する素材である．このゲージの変形による電気抵抗の変化を測定する．また，**ピエゾ素子**も機械量–電気変換で用いられる．これは圧電素子で，主に，高誘電体材料からできている．この素材に圧力が加わると電圧が発生する．**ダイアフラム**も機械量–電気変換に欠かせない計器である．金属や半導体の薄膜で構成され，圧力が加わると薄膜表面が押されてへこむことによる形状の変化を利用する．ダイアフラムにストレインゲージを張り付けて用いることが多い．**ロードセル**と呼ばれる荷重変換器もストレインゲージが用いられている．

表 4.1　機械量の種類

区　分	内　容
幾何学的な量	変位，長さ，位置，角度，回転量など
力学量	質量，力，圧力，トルクなど
運動に関する量	速度，角速度，加速度，角加速度など

4.2 ひずみ–電気変換

ひずみとはねじれ，ゆがみなど，形状が変形することで，正常な状態から変化している様子を知ることが計測の目的である．そのため，ひずみ–電気変換で最もよく用いられるものは**ストレインゲージ**である．**ひずみゲージ**とも呼ばれる．図 4.1 に一例を示すような多数の切れ目の入った薄い板状の金属片で，被測定物体に張り付け，物体の変形に伴う，ゲージの伸び縮みによる抵抗変化を測定する．ひずみ ε をゲージの長さの変化（$\frac{\Delta L}{L}$）で表すと，そのときのゲージの抵抗変化が $\frac{\Delta R}{R}$ であれば，ひずみと抵抗の関係は次式となる．

$$\varepsilon = \frac{\Delta L}{L} = \frac{\Delta R/R}{K}$$

ここで，K はゲージ率で，各ストレインゲージで定まった値である．

金属箔ゲージの場合は感度を上げるために，図 4.2 のような信号検出用増幅器を含むブリッジ回路で測定することが多い．

近年は半導体ストレインゲージが開発されている．金属箔のストレインゲージに比べて高感度であるが，測定時の温度変化には注意が必要である．

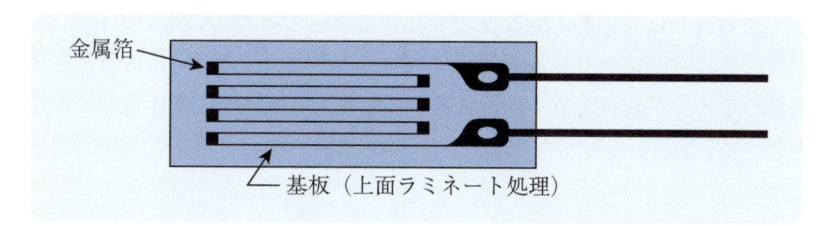

図 4.1 金属箔ストレインゲージの形状の一例

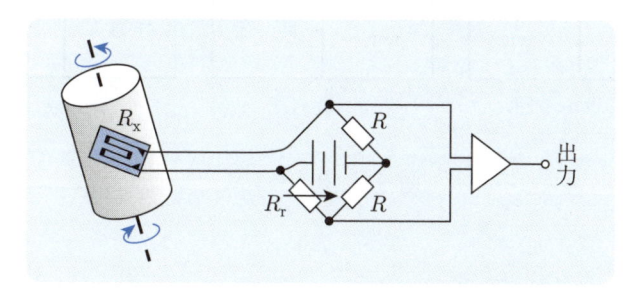

図 4.2 ストレインゲージを用いた測定回路例

4.3 圧力-電気変換

　圧力情報は社会の様々な場所で重要な役割を果たしている．身近なものでは体重計や天気予報の気圧，血圧計，自動車のブレーキやサスペンション，電子機器のタッチスイッチなど，微小圧力から大圧力まで幅が広い．掃除機の目づまりセンサ，ロボットの力覚センサ，油圧機器やFA機器の圧力センサなど普段は目につかないところでも大切な部分で使われている．

　圧力測定には図4.3に示すように，ゲージ圧，絶対圧，差圧の3種類の表現がある．**ゲージ圧**は血圧やタイヤ圧など，大気圧，すなわち1気圧，760 mmHgを基準圧とする．一方，**絶対圧**は気圧など，完全真空の0 mmHgを基準圧とする．工業製品に多い**差圧**は2種類の圧力差を表す．圧力は国際単位系SIではパスカル（Pa）が使われる．1気圧は1013 hPaであり，760 Torr，すなわち760 mmHgでもある．

　圧力を測定する手段として古くは，先が閉じて湾曲した金属細管を内蔵し，その管の一方からの加圧によって管の湾曲度合いが変わることを利用した**ブルトン管圧力計**が有名である．また，微圧計用には，非常に柔らかな蛇腹状の**ベローズ圧力計**がほんのわずかな圧力変化にも対応するために用いられてきた．ただし，これらのブルトン管圧力計やベローズ圧力計は歯車や指針などを用いた機械的なメータ表示が多く，電気信号に変化してデータ処理するには不適切な場合が多い．

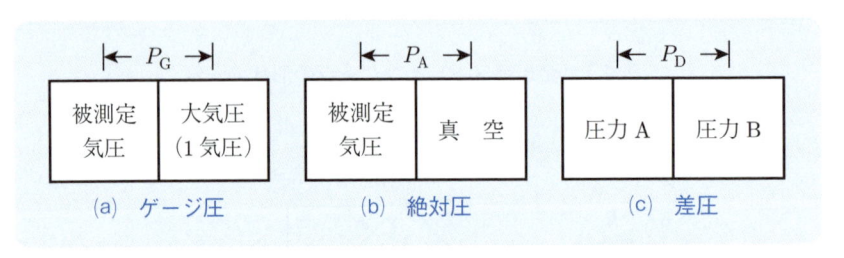

図4.3　圧力の表現

4.3 圧力–電気変換

そこで，近年は圧力–電気変換に適した，隔膜という意味の薄いセラミック薄膜か金属薄膜，あるいは半導体薄膜でできた**ダイアフラム圧力計**が多用されている．これらの圧力計は一般に**マノメータ**とも呼ばれている．

加減圧によるダイアフラムの変化は機械的，光学的，電気的と種々の手法で出力されるが，ひずみによって抵抗変化を示すストレインゲージをダイアフラム表面に張り付けたタイプが多い．また，4.4 節変位計測に記されている静電容量式による出力もある．

図4.4 に一例として，小型・軽量で取り扱いやすい**拡散型半導体ダイアフラム圧力センサ**のチップ部分の概略を示す．この場合は図に示すように，n 型シリコンウエハの上部に不純物拡散あるいは注入技術で p 型シリコンウエハ部分とその上面に 4 個のピエゾ抵抗素子を作る．一方，n 型シリコンウエハの下部はエッチングにより厚さ 30 μm 程度のダイアフラムとする．

これらの 4 個のピエゾ抵抗素子は**図 4.5(a)** に示すようなブリッジ回路を構成する．また，この感圧チップを取りつけた圧力センサの構成は**図 4.5(b)** に示す．内部は 1 気圧の乾燥空気で密封されていて，上部のポートから測定する圧力の気体が注入され，その圧力によるダイアフラムのたわみで変形した各ピエゾ抵抗素子の抵抗変化によるブリッジ出力から圧力情報を得る．

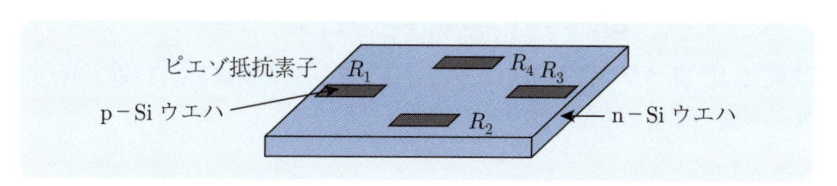

図 4.4 拡散型半導体ダイアフラム圧力センサのチップ部分の構造

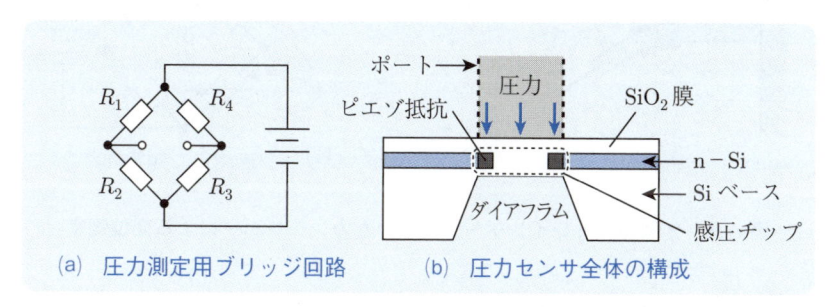

(a) 圧力測定用ブリッジ回路　(b) 圧力センサ全体の構成

図 4.5 ダイアフラム圧力計の構造の一例

4.4 変位−電気変換

物体の位置のわずかな動きを検出する変位センサは接触型と非接触型に2分され，それぞれに多種多様の装置がある．

接触型変位センサではストレインゲージ，ポテンショメータ，差動トランス，エンコーダ，インダクタンス，静電容量などである．**非接触型変位センサ**では超音波，光，レーザ，磁気，渦電流などである．

よく使われるものに**ストレインゲージ**がある．

図 4.6(a) に示すように，変位を**カンチレバー**のひずみに変換し，ストレインゲージをカンチレバーの両面に張り付け，図 4.6(b) に示すようなブリッジ回路の2辺に取り付けて感度を上げることができ，5 mm から 200 mm の変位に対応する．

静電容量方式変位測定も興味深い．ここでは平行平板電極間の静電容量変化による変位−電気変換を紹介する．図 4.7(a) に示すような面積 S の2枚の電極の間隔が d の場合，平行平板コンデンサを形成し，その一方がわずかに Δd 変位したとき，静電容量 C は ΔC 変化する．この静電容量の測定から，下式のように変位を知ることができる．

$$\Delta C = \varepsilon \frac{S}{d}\left(\frac{1}{\sqrt{1+(\Delta d/d)}} - 1\right) \fallingdotseq -C\frac{\Delta d}{d}$$

実際には，図 4.7(b) に示すような容量ブリッジを構成し，3枚の平行平板電極の中間の電極の変位をブリッジ出力として得る．

(a) カンチレバーとストレインゲージ　(b) ブリッジを用いた測定回路

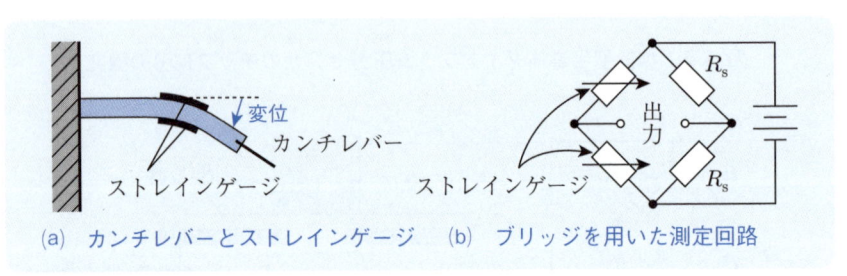

図 4.6　2個のストレインゲージを用いたカンチレバーによる変位測定

4.4 変位−電気変換

すなわち，図 4.7(b) において，中間電極の Δd の変化で，C_1 と C_2 は下式のようになる．

$$C_1 = \varepsilon S(d - \Delta d) \fallingdotseq C\left(1 + \tfrac{\Delta d}{d}\right)$$

$$C_2 = \varepsilon S(d + \Delta d) \fallingdotseq C\left(1 - \tfrac{\Delta d}{d}\right)$$

各静電容量 C_i はインピーダンス Z_i で表すと，$Z_i \propto C_i^{-1}$ ゆえ，出力 V_o は次式となる．ただし，平衡時は全ての容量は等しく，C とする．なお，E は電源電圧．

$$\begin{aligned}
V_\mathrm{o} &= \tfrac{(Z_2 Z_3 - Z_1 Z_4)E}{(Z_1 + Z_3)(Z_2 + Z_4)} = \tfrac{(C_1 C_4 - C_2 C_3)E}{(C_1 + C_3)(C_2 + C_4)} \\
&= \tfrac{(\Delta d/2d)E}{\{1+(\Delta d/2d)\}\{1-(\Delta d/2d)\}} \\
&\fallingdotseq \tfrac{\Delta d}{2d} E
\end{aligned} \tag{4.1}$$

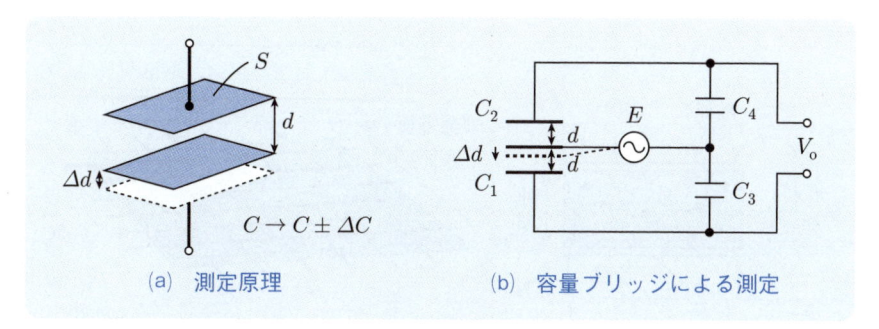

図 4.7　平行平板電極の容量変化による変位測定

例題 4.1

静電容量式変位−電気変換において，最初，中間電極と上下の電極との両電極間隔が等しく 7 mm であった．次に，中間の電極が上にわずかに動いたとき，ブリッジ出力が 0 mV から 4.2 mV に変化した．

中間の電極は上方に何 μm 変位したか．ただし，測定ブリッジの電源電圧は 4.9 V であった．

【解答】　上記の (4.1) 式 $V_\mathrm{o} \fallingdotseq \tfrac{\Delta d}{2d} E$ を用いる．
題意から，$V_\mathrm{o} = 4.2$ [mV]，$d = 7$ [mm]，$E = 4.9$ [V]．
ゆえに，$\Delta d = \tfrac{2 \times 7 \,[\text{mm}] \times 4.2 \,[\text{mV}]}{4.9 \,[\text{V}]} = 12$ [μm]．すなわち，中間の電極は 12 μm 変位した．

4.5 感圧導電性ゴム

感圧導電性ゴムとは図 4.8(a) に示すように，シート状のゴム材中にカーボン粒子を混入したものである．加圧による感圧導電性ゴムシートの変形により内部のカーボン粒子の密着度が変わり，結果的に，感圧導電性ゴムの電気抵抗が変化することを利用する．このシート状の感圧導電性ゴムの両面に図 4.8(b) のように格子状に細線電極を張り巡らし，それらの電極端子のスキャニング操作により，圧力の面分布情報を得ることができる．ゴムシートは薄く，柔らかい素材ゆえ，たとえば，椅子の着座部分の圧力分布や靴底の足との接触の様子，ベッド上での人の体圧分布チェックなどに有効である．ただし，このゴムの圧力ヒステリシスや周囲温度変化によるゴムの電気抵抗変化に注意が必要である．

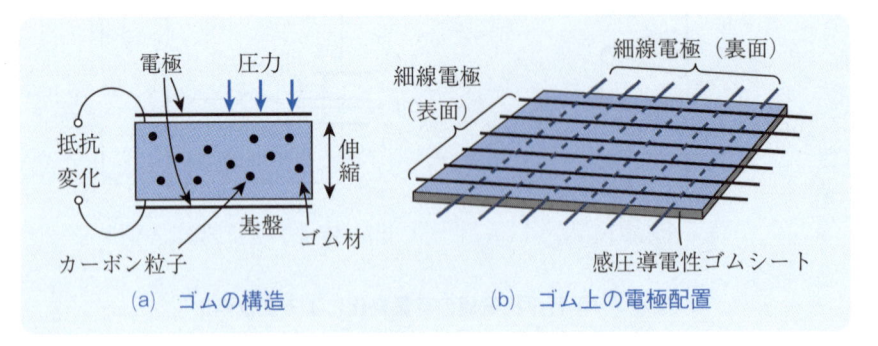

図 4.8 感圧導電性ゴムによる圧力−抵抗変換

● 人工指感覚 ●

複雑で繊細な人間の指の感覚のエッセンス（本質部分）のみを抽出して，感圧導電性ゴムによる人工的な指感覚が出現．エッセンスとはこの場合，圧力と温度．どちらも面がすべすべで硬いプラスチックと金属の違いを人間は目をつぶっていても指で識別できる．感圧導電性ゴムでこれを実現させた．ポイントは熱伝導の違い．試作した人工指感覚は人間が指で認識できないアルミ板と鉄板の違いまで識別できる機能も付加されていて，人間の指の能力を超えた!?

4.6 エンコーダ

　エンコーダとは元々は符号化する治具やソフトという意味であるが，ここでは位置情報をディジタル信号として取得するセンサを表す．このエンコーダにも直線的な位置情報を得る**リニアエンコーダ**と角度情報を得る**ロータリエンコーダ**がある．リニアエンコーダはしばしば**リニアスケール**とも呼ばれるが，光電式スケール，レーザホロスケール，電磁誘導式スケールなど様々な方式がある．ここでは光電式リニアスケールを紹介する．**図 4.9** にその原理と構造の概略を示す．重ね合わさった2枚の格子状のスリットから構成され，変位する長尺のスケール側から光を照射し，固定した短尺のインデックススケール上の受光素子で光の透過状態を検出する．スリットに応じた変化をカウントして数 μm の変位を知ることができる．

　一方，ロータリエンコーダは回転角情報を得るためによく用いられる．**図 4.10** に代表的なインクリメンタルロータリエンコーダの原理と構造の概略を示す．回転する円板の円周上にスリットが等間隔で刻まれていて，円板のスリット位置の両面に接近して発光素子と受光素子が設置されている．

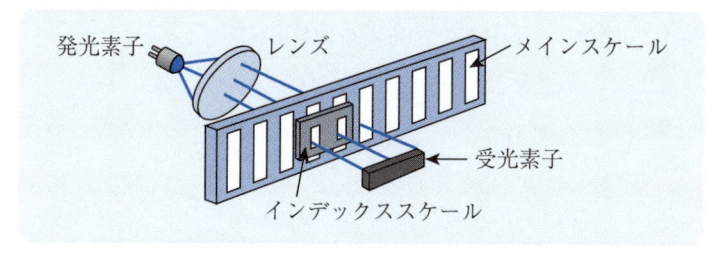

図 4.9　光電式リニアエンコーダの原理と構造

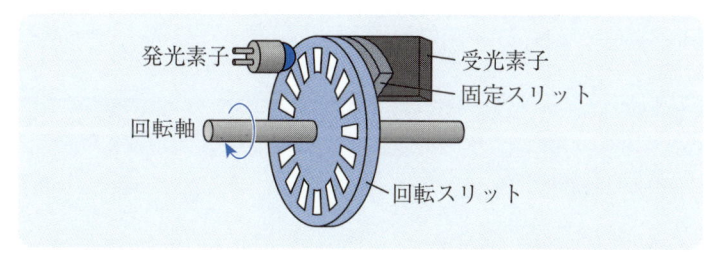

図 4.10　インクリメンタルロータリエンコーダの原理と構造

4章の問題

☐ **4.1** 圧力測定にはどのような方法があるか説明せよ.

☐ **4.2** ダイアフラムとは何か説明せよ. また, ストレインゲージとは何か説明せよ.

☐ **4.3** 感圧導電性ゴムはダイアフラム型圧力センサとどのように異なるのか説明せよ.

☐ **4.4** 本文中の図 4.7(b) の静電容量方式変位測定において, 最初, 中間電極と上下の電極との両電極間隔が等しく 7 mm であったが, 中間の電極が上に 12 μm 動いたとき, ブリッジ出力が 0 mV から 4.2 mV に変化した. 次に, 同じ装置で, 中間電極と上下の電極との両電極間隔を等しく 8 mm とした後に, 中間の電極を上にわずかに動かしたら, 今度はブリッジ出力が 0 mV から 4.6 mV に変化した. このとき, 中間の電極は上方に何 μm 変位したのか. ただし, 2 回の実験とも, 測定ブリッジの電源電圧は変わらず一定であった. また, 平衡時は全ての容量は等しいとする.
ヒント:本文中の (4.1) 式を用いる.

☐ **4.5** ロータリエンコーダとは何か説明せよ.

第5章

機械量−電気変換の周辺

　4章で取り上げることのできなかった，機械量の周辺の情報である，超音波−電気変換について学ぶ．その代表例として，超音波魚群探知機などのソナー，超音波医療診断のエコー，超音波非破壊検査，超音波速度計，超音波流速計の仕組みを紹介する．また，社会におけるニーズの大きい流速・流量−電気変換についても学び，いくつかの具体的な流量計について，その仕組みと測定原理を学習する．

■5章で学ぶ概念・キーワード
- 超音波−電気変換
- ソナー
- エコー（超音波医療診断）
- 超音波非破壊検査
- 超音波速度計
- 超音波流速計
- 流速・流量−電気変換

5.1 超音波−電気変換

超音波とは文字通り音波を超えるもの，すなわち，人間の耳では聴こえない音のことである．通常，人は周波数 16 kHz 位になると音を聴くことはできないが，実際には，20 kHz 以上の周波数の機械的な振動を超音波として用いている．**強誘電体材料の圧電効果**を利用して超音波の発信あるいは受信が行われる．図 5.1 に示すように，**水晶やセラミック**などの結晶体を圧縮したり伸張させたりすると電圧が発生する現象であり，また，電圧を印加すると機械的振動が生じることでもある．すなわち，同一の超音波センサが発信装置にもなり，受信装置にもなる．また，時間軸的に見ると，図 5.2 に示すような，通常，**バースト波**と呼ばれる間欠的な信号が用いられるゆえ，繰返し発信の合間に反射波を同一センサで受信することが多い．使用周波数は，一般に気体では 40 kHz 前後，液体，固体では数十 kHz から数 MHz 前後と目的に応じて様々である．音波の**伝搬速度**が空気中で $340\,\mathrm{m\cdot s^{-1}}$ 前後，水中で $1.5\,\mathrm{km\cdot s^{-1}}$ と異なる．媒質の密度も，たとえば，空気で $10^{-3}\,\mathrm{g\cdot m^{-3}}$，水で $1\,\mathrm{g\cdot m^{-3}}$，鋼で $7\,\mathrm{g\cdot m^{-3}}$ 前後と異なる．超音波では伝搬速度と**媒質密度**の積である**固有音響インピーダンス** Z が大きいほど伝搬しやすい．超音波が一番伝搬しやすいのは固体である．

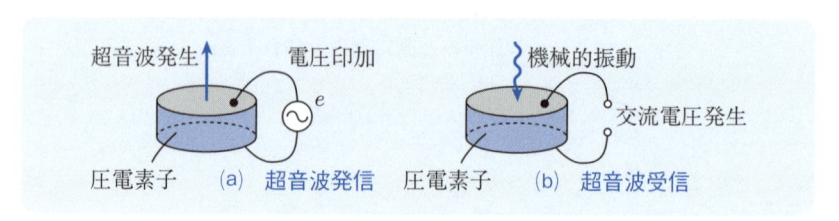

図 5.1 超音波発生のメカニズム

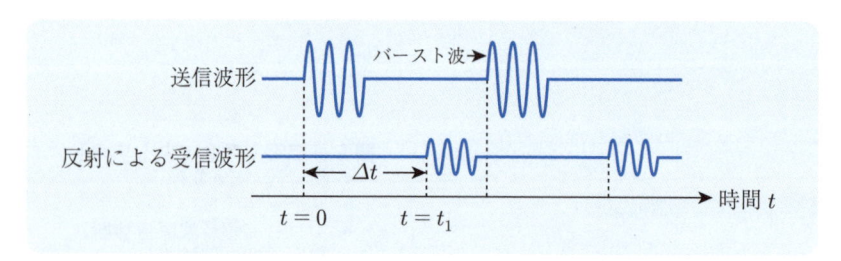

図 5.2 バースト波による超音波送受信の流れ

5.2 ソナー

ソナーは**超音波魚群探知機**と同義語で使われる場合があるが，機能的にはより広範な海中情報の収集，たとえば，海底の距離や氷山の海中部分の探知，あるいは潜水艦でも用いられる超音波装置である．

超音波魚群探知機の最も一般的な使用の概念図を図 5.3 に示す．海上の漁船の船底から，直下の海中に超音波を発信し，海底または途中の魚群に反射して戻ってきた超音波を受信する．その伝搬時間の測定から，魚群を探知する．周波数は 200 kHz か 50 kHz，またはダブルで用いることが多い．発信から受信までの超音波伝搬時間を t 秒とすると，物体までの距離 d [m] は下式となる．

$$d = \frac{vt}{2} \tag{5.1}$$

ここで，v は海中での音速である．

近年は超音波魚群探知機も進化して，スキャニング機能が組み込まれ，モニタ画面で魚群を含む海上から海底までの様子の画像化が可能となった．さらに GPS の導入で海上の位置情報がマップ化されるに至っている．

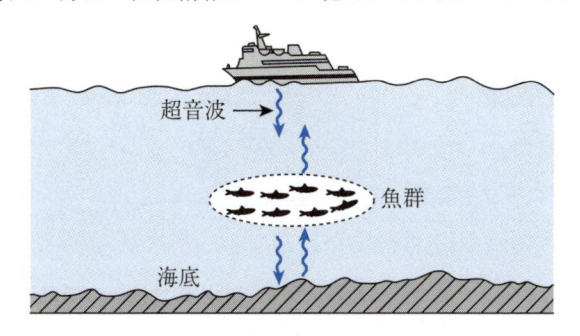

図 5.3 超音波魚群探知機としてのソナーの原理

例題 5.1

超音波魚群探知機で伝搬時間が 0.4 秒と示された．魚群は海上から何 m の海中にいることになるか計算せよ．ただし，海水での超音波の伝搬速度を $1.5 \, \text{km} \cdot \text{s}^{-1}$ とする．

【解答】(5.1) 式より，魚群の距離 d は，$d = \frac{1500 \times 0.4}{2}$．すなわち，水深 300 m の所である．

5.3 エコー（超音波医療診断）

　超音波は医療の分野でも大きな貢献をしている．エコーと呼ばれる生体内の様子を超音波で調べる手法は**超音波医療診断**と呼ばれ，重要な検査方法となっている．人の内臓の異状や妊婦の胎児の様子などを超音波を用いて，画像化することができる．すなわち，腹部に超音波を照射すると，その超音波の反射の度合いが，内部の臓器などの密度の違いにより，異なることを利用して診断の材料とする．たとえば，腎臓に結石などがあれば，その部分のみ密度が変わるので，超音波の反射の度合いが異なり識別できる．ただし，皮膚上にエコーを当てたときに，その接触部分に空気層が生じないように，ゼリーを塗布して，超音波がスムーズに内部に浸透するように工夫している．エコーの仕組みの概略を図 5.4 に示す．

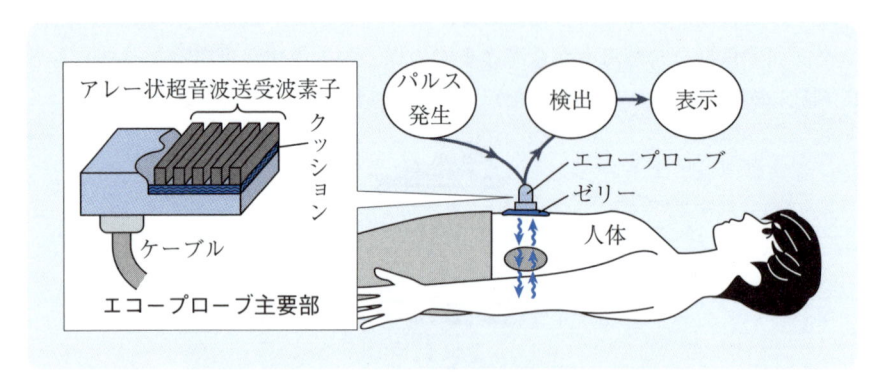

図 5.4　エコー（超音波医療診断）の仕組みの概略

例題 5.2
　エコーを皮膚に当てるときに接触面に空気層があるとなぜいけないのか．

【解答】　気体と固体では固有音響インピーダンス Z が極端に違うため，照射した超音波が皮膚面でほとんど反射し，体内に浸入しないため．それを避けるため，皮膚のインピーダンス Z に近いゼリーを塗布して空気層を除く作業を行う．

5.4 超音波非破壊検査

超音波探傷検査は物体内部の様子を外部からの超音波の照射により，その反射波の様子から判断することである．内部に亀裂がある場合は正常な場合と異なる反射波となる．内部の空気層の存在が被測定物体と密度が違うことで超音波の伝搬状態が変わることによる．物体内部にダメージを与えることなく内部の様子を知ることができることから**非破壊検査**と呼ばれている．飛行機の翼などの金属疲労やトンネル内の壁面内部のクラックなどを検査するときによく用いられる．密度の異なる物体間の境界部分で反射と透過の割合が変化する．

図 5.5 に典型的な**超音波非破壊検査**の様子を示す．

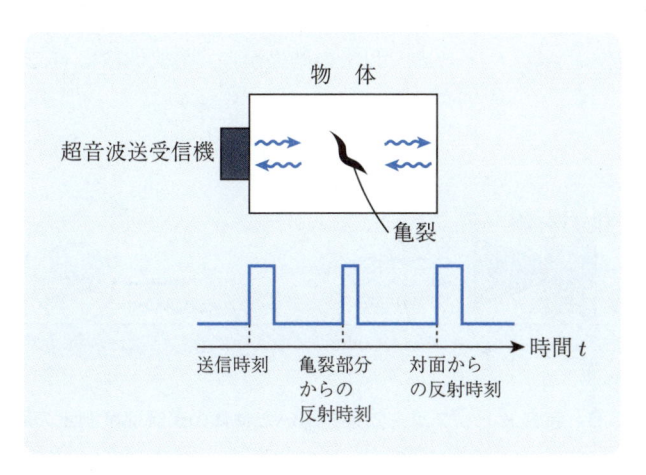

図 5.5 典型的な超音波非破壊検査の様子

● **人間には聴こえなくとも動物には聴こえる** ●

コウモリやイルカが超音波を認識できることはよく知られているが，身近な動物の犬も超音波を聴くことができる．多くの動物がそうらしい．地震の前に騒ぎ出すのは事前に発生する超音波が原因と考える学者もいる．一方，高周波だけでなく，人には聴こえない 40 Hz 以下の低周波の音もゾウやクジラには聴こえるようで，実際に互いの意思疎通に用いていることが実証されている．

5.5 超音波速度計

ここでは，超音波–電気変換の一例として，車の走行速度や野球の投球速度を超音波のドップラー効果を用いて測定する**超音波速度計**について説明する．

図 5.6 に示すように，音速 V [m·s^{-1}]，周波数 f [Hz] で超音波を送信する超音波送受信機とその送受信機に向かって速度 v [m·s^{-1}] で移動する対象物について考える．最初に送受信機に向かって移動中の対象物における周波数 f' を求める．送受信機の周波数 f に対して，対象物での周波数 f' は速度 v [m·s^{-1}] で移動しているので，$f' = \frac{V+v}{V} f$ となる．次に，この対象物を発信源と考えて，同じ移動条件で，送受信機における受信周波数 f'' を考える．今度は周波数 f' の発信源が $-v$ 移動していることになるので，送受信機における受信周波数 f'' は，$f'' = \frac{V}{V-v} f'$ となる．以上の結果から，最終的には (5.2) 式となる．

$$f'' = \frac{V}{V-v}\frac{V+v}{V} f = \frac{V+v}{V-v} f \tag{5.2}$$

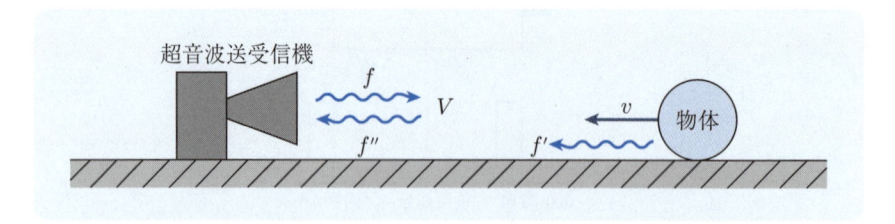

図 5.6 超音波ドップラー効果を用いた物体の走行速度測定の原理

例題 5.3

超音波送受信機の送信周波数 $f = 40\,\mathrm{kHz}$，移動対象物から反射した送受信機での受信周波数 $f'' = 41.5\,\mathrm{kHz}$ のとき，対象物の移動速度 v は時速何キロか．ただし，送受信機の超音波の送信速度 V は $340\,\mathrm{m \cdot s^{-1}}$ であった．

【解答】 (5.2) 式に題意に沿って数値を代入して計算すると，

$$v = \frac{f''-f}{f''+f} V = \frac{41.5-40}{41.5+40} \times 340 \ [\mathrm{m \cdot s^{-1}}]$$
$$\fallingdotseq 6.26\,\mathrm{m \cdot s^{-1}} \fallingdotseq 22.5\,\mathrm{km \cdot h^{-1}}$$

すなわち，対象物の移動速度 v は時速 22.5 キロである．

5.6 超音波流速計

現代社会において，水，ガソリンなど，気体，液体などの流速，流量を測定するニーズは日常的に極めて高い．ここでは，超音波を利用した円管中の流体の速度を超音波で測定する仕組みを示す．

図 5.7 に示すように，流速 v_x [m·s^{-1}] の知りたい流体の流れている直径 d [m] の円管壁面の 2 ヵ所に互いに斜めに角度 θ で向き合う形に超音波センサを張り付ける．超音波センサは発信機能と受信機能を有しているので，この場合の流速測定には同一の超音波速度 V_0 [m·s^{-1}] でバースト波を交互に送受信する．液体の流速の存在により，互いの伝搬時間 T は異なる値 T_1, T_2 [秒] となる．その結果から，液体の流速 v_x を下式のように導出することができる．

$$T_1 = \frac{d/\sin\theta}{V_0 + v_x \cos\theta} \tag{5.3}$$

$$T_2 = \frac{d/\sin\theta}{V_0 - v_x \cos\theta} \tag{5.4}$$

よって，液体の流速 v_x は

$$v_x = \frac{d}{2\sin\theta\cos\theta}\left(\frac{1}{T_1} - \frac{1}{T_2}\right) \tag{5.5}$$

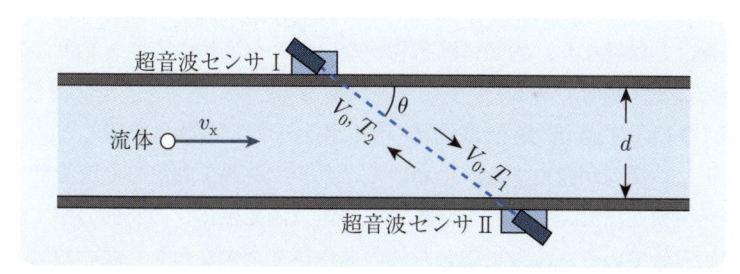

図 5.7 2 個の超音波センサを用いた管内流体速度の測定の原理図

例題 5.4

超音波センサの角度 θ が 60°，管の直径 d は 1 メートル，測定した伝搬時間 T_1, T_2 が 0.5 秒と 0.7 秒であった．(5.5) 式を用いて，液体の流速 v_x を求めよ．

【解答】 (5.5) 式に数値を代入して計算すると，$v_x = \frac{1}{2\sin 60° \cos 60°}\left(\frac{1}{0.5} - \frac{1}{0.7}\right) \fallingdotseq 0.66$ [m·s^{-1}] となる．

5.7 流速・流量−電気変換

社会的に最もニーズの高い分野の計量の一つが**流速・流量測定**である．

この流速・流量測定には，前節の**超音波流速計**の他にも，目的に応じた様々な測定手法がある．それらは差圧式流量計，電磁流量計，渦流量計，容積式流量計，面積式流量計，タービン流量計，熱線流量計，ピトー管流量計などである．ここでは代表的な4種類の流量計の仕組みと測定原理について紹介する．

図5.8 に示す**差圧式流量計**は最も古い流量計であるが，今も最も広く使われている．流体が流れる円管内部に絞り機構があり，流体の流量 v はその絞り部分の前後の流体の圧力の差 ΔP の平方根に比例する．流体の種類を選ばず，構造が簡単で安価ゆえ，万能型として広く支持されている．絞り部分にオリフィスプレートが用いられることからオリフィス流量計とも呼ばれている．

図5.9 の**電磁流量計**は電気系の者にはなじみ深い，ファラデーの電磁誘導の法則が用いられた流量計である．円管に流れる流体は導電性の液体という制限がある．円管を挟む磁場の磁束密度 B と直角方向の電磁流体の速度 v のそれぞれに直角の方向に起電力 E が発生することから，この起電力 E ($\propto Bv$) を測定することで，流体の流速 v を求め，最終的に流量が定まる．ここに紹介する他の流量計とは異なり，内部に障害物がないことや流体の密度・粘度の影響を受けないことが長所である．

図5.10 に示す**渦流量計**は流れの中に流れを妨げる物体を置くと，下流側に規則正しい渦列が発生する，いわゆる，カルマン渦を利用した流量計で，この渦の発生頻度は流速と流れを妨害する物体（渦発生体）の断面の幅で決まることが知られている．流速に応じた渦の発生頻度，すなわち，渦の数は，その渦の発生によって生じる圧力の変化を圧電素子か半導体ひずみゲージで直接パルス数を測る形が一般的である．構造が簡単で堅牢が長所といえる．

図5.11 の**容積式流量計**はルーツ式と称するガソリンスタンドでよく見かける形状である．測定原理は，円管内の一対のまゆ形回転子と管の側面で構成された計量カップ状の空間に満たされた流体を順に出力し，回転子に装着した歯車でカウントして流量を決定する手法である．電源不要かつ高精度が魅力である．

5.7 流速・流量−電気変換

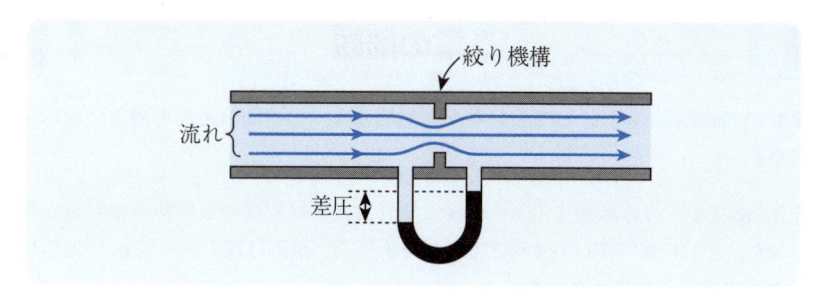

図 5.8　差圧式流量計の仕組みと測定原理

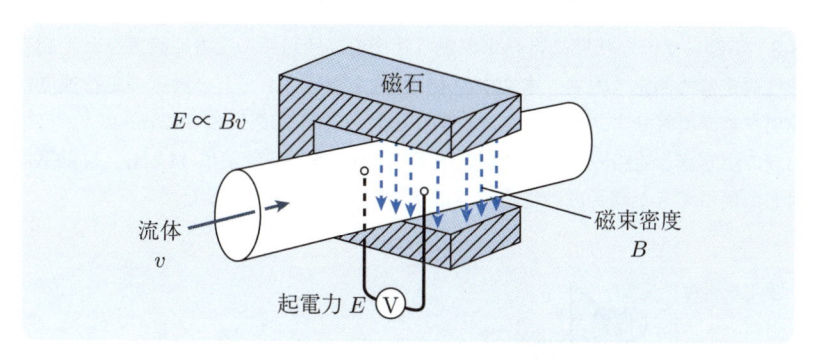

図 5.9　電磁流量計の仕組みと測定原理

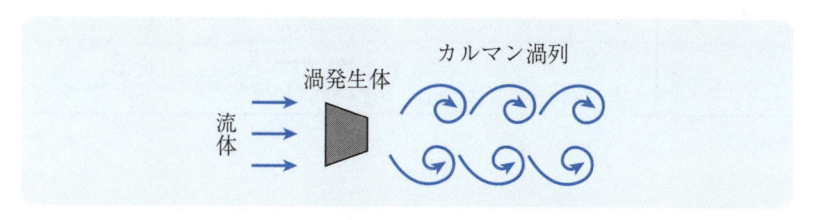

図 5.10　渦流量計の仕組みと測定原理

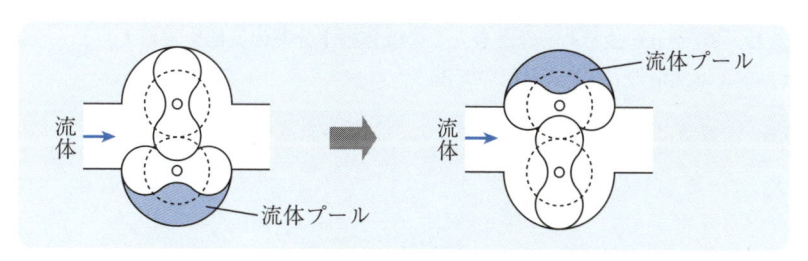

図 5.11　ルーツ式容積式流量計の仕組みと測定原理

5章の問題

☐ **5.1** 1個の超音波センサでセンサから対象物までの空間の距離を測る仕組みを説明せよ．

☐ **5.2** 海底までの距離が 1500 m の海で超音波魚群探知機で 2 種類の反射波が受信できた．その伝搬時間は 0.4 秒と 2.0 秒であった．魚群は海上から何 m の海中にいることになるか計算せよ．
ヒント：本文中の (5.1) 式を用いてみる．

☐ **5.3** 下図のような状態の自動車の走行速度を高速道路の上方に設置された超音波速度測定器で測定したい．本文中の (5.2) 式を参考にして，自動車の走行速度は時速何キロか計算せよ．ただし，測定器の超音波送信速度 V は $342\,\mathrm{m\cdot s^{-1}}$，自動車上での測定器と道路の角度 θ は $60°$，測定器の送信周波数 f は $44\,\mathrm{kHz}$，自動車に反射して戻ってきた超音波の受信周波数 f'' は $47.2\,\mathrm{kHz}$ であった．

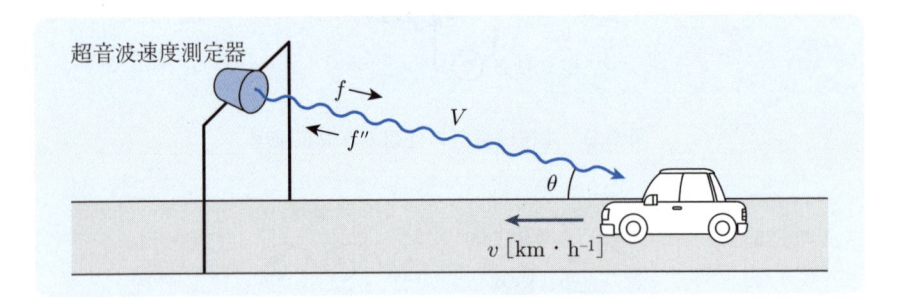

☐ **5.4** 本文中の図 5.7 を参考にして，以下の問題を解け．
　2 個の超音波センサの角度 θ が $30°$，管の直径 d が $2\,\mathrm{m}$，測定した伝搬時間 T_1 が 0.5 秒，T_2 が 0.6 秒であったとき，この液体の 1 分間の流量を求めよ．
ヒント：本文中の (5.5) 式を用いてみる．

☐ **5.5** 流量計にはどのような種類のものがあるか記述せよ．

第6章
温度・湿度−電気変換

　温度や湿度の情報は人間の日常生活で最も身近なものである．温度の概念は産業界や医療の面でも重要な役割を担っている．ここでは，温度や湿度の情報を電気信号に変換し，より高度で機能的な情報として用いられていることについて学ぶ．また，赤外線から温度情報を得る放射温度計やその可視化された二次元的温度表現であるサーモグラフィーについて紹介する．

■ 6章で学ぶ概念・キーワード
- 温度−電気変換の種類
- 温度−抵抗変換
- 温度−起電力変換
- 放射温度計
- 湿度−電気変換

6.1 温度−電気変換の種類

温度とは熱量の大きさを日常生活で使用するのに便利なように数値化したものである．温度計は古くから人間の生活に係わっていて，17世紀には水銀の温度による体膨張を利用した水銀棒状温度計の存在が知られている．また，アルコールを赤色化した棒状温度計も広く用いられている．温度目盛りの表現としては今日では摂氏（°C）と呼ばれるセルシウスが提案した温度目盛りが日本をはじめ世界中で広く用いられているが，それ以前はファーレンハイトによって提唱された華氏（°F）という表現もあった．華氏は米国を中心に現在も使われている．国際単位SIでは，温度の単位は絶対温度（K）であり，この温度単位を用いることが要求されている．

温度情報を電気信号として用いるために，**温度−電気変換**が行われる．そのために用いられる温度センサとしては，大別すると，**温度−抵抗変換**としての**白金測温抵抗体**および**サーミスタ**，**温度−起電力変換**としての**熱電対**がある．これらは接触する部分の温度を計測する装置であるが，これとは別に，少し離れた場所の温度を測定するための赤外線による**放射温度計**がある．また，その応用としての二次元面の温度分布を表現する**サーモグラフィー**がある．温度分布の可視化情報として重用されている．図6.1に温度−電気変換の種類をそれらの特徴や使用目的と共に示す．

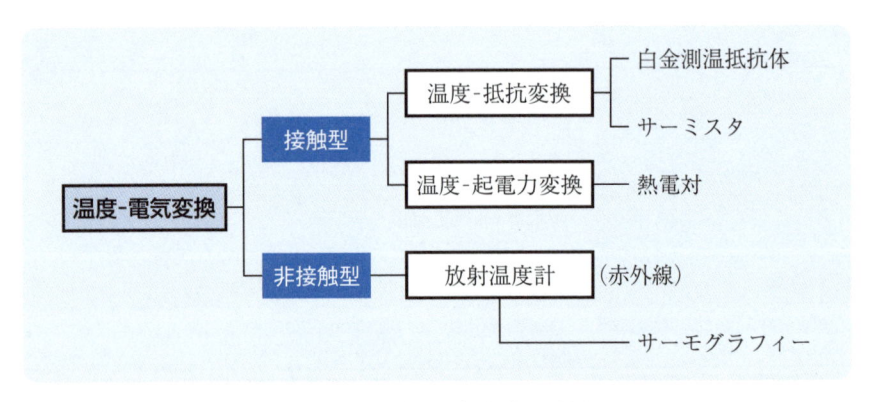

図 6.1　温度−電気変換の種類

6.2 温度−抵抗変換

　温度−抵抗変換とは温度情報を電気抵抗として取得する方法である．そのために用いるデバイスは，大別すると，**白金測温抵抗体**と**サーミスタ**がある．

　測温抵抗体とは温度変化で金属材料の電気抵抗値が一定の割合で変化することを利用するもので，いくつかの金属材料が用いられている．白金が最も安定な特性を示すことから，現在最もよく用いられている．通常，測温抵抗体というと白金抵抗測温体といわれるほどで，温度標準の測定器として広く知られている．電気抵抗は既知の電流を金属に流し，その金属の端子間電圧を測定することで決定するゆえ，測温抵抗体の端子間電圧を得るためのリード線の影響を除くために，図 6.2 に示されるように 3 線式ブリッジ回路で測定することが多い．

　通常は 100Ω の白金測温抵抗体に 1 mA の電流を流して，そのときの抵抗体の端子間電圧を測定する形で抵抗体の温度を決定する．その際，電圧測定器の室温の影響を極力避けるため，図 6.3 に示すようなシースと呼ばれる長い棒状のケースの中の先端部分に白金測温抵抗体を設置する構造が普通である．

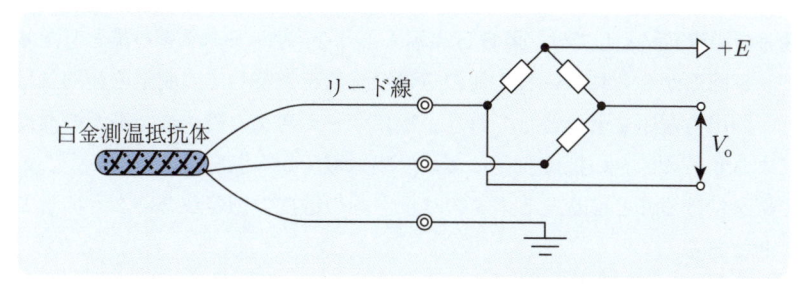

図 6.2　3 線式ブリッジ回路による白金測温抵抗体の測定

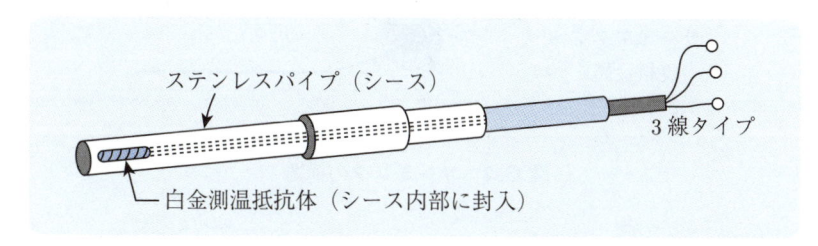

図 6.3　実際に使用されるシース構造の白金測温抵抗体

温度–抵抗変換のもう一つの代表的な装置として**サーミスタ**がある．サーミスタの種類としては，温度上昇に応じてサーミスタの抵抗が小さくなる**負温度係数（NTC）サーミスタ**とその逆の**正温度係数（PTC）サーミスタ**が広く知られている．NTC サーミスタが一般的で，通常，サーミスタという場合は NTC サーミスタを指す．

NTC サーミスタ（以後は単にサーミスタと称する）は粉末状のマンガン，コバルト，ニッケルなどの金属材料による酸化物を焼結させて製造したものである．焼結とは粉末を加圧成形し，融点以下の温度で熱処理することである．サーミスタは小型，安価，丈夫，また，扱いが簡単で応答性が良いことから温度センサとして多用されている．

白金測温抵抗体に比べて，経時変化の点で若干難があるが，感度が高く，丁寧に使用すると 1 mK 以下の分解能を得ることができる．図 6.4 に典型的なサーミスタの構造を示す．本体とリード線の接続部が機械的に弱いため，その補強のために，ガラスなどでモールドされている．このため，若干熱応答が遅くなる．結局，サーミスタは熱変化に非常に敏感な抵抗体であるから，既知電流をサーミスタに流して，その端子間電圧を測定して温度を知ることになる．

通常の測定回路としては，図 6.5 に示すような，サーミスタを一端とした 4 辺ブリッジ回路が知られている．他の辺の抵抗値を調整して，測定の最初にはブリッジの出力電圧をゼロとしておき，次にサーミスタの置かれた場所の温度変化によるサーミスタの抵抗変化による，出力電圧から温度を読み取る．この測定で気を付けることはサーミスタのリード線の抵抗の影響がないようにしておくことである．

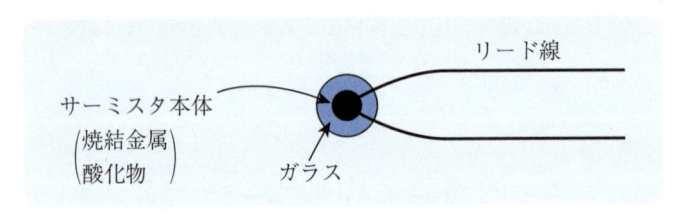

図 6.4　サーミスタの構造

6.2 温度–抵抗変換

このサーミスタのリード線の影響が気になる2端子測定法のかわりに，図6.6 に示すような，電流既知の定電流源を用い，サーミスタの抵抗を4端子法で電圧測定する手法もある．

どちらにしても，サーミスタに大電流は禁物である．供給電流を数 mA 程度以下として，発熱によるサーミスタの抵抗特性変化の危険性を避けるのが常道である．

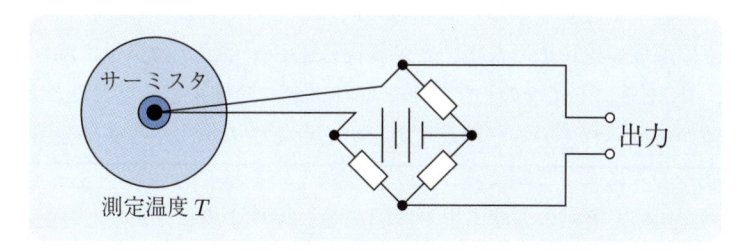

図 6.5 ブリッジ回路によるサーミスタ温度測定

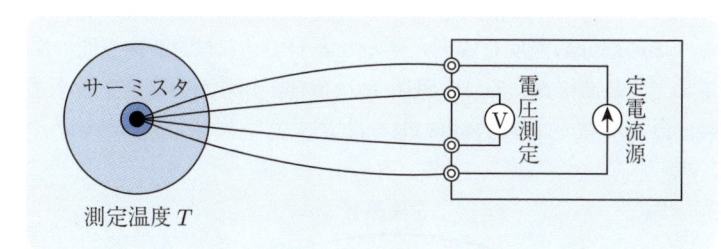

図 6.6 4端子法によるサーミスタ温度測定

■ **例題 6.1** ■

20℃ のとき，サーミスタの抵抗は 1 kΩ であった．サーミスタをある温度 T_x にしたら抵抗 R_x は 812.5 Ω となった．この温度 T_x は何 ℃ か計算して求めよ．ただし，このサーミスタは 100℃ では 500 Ω であり，温度特性はこの範囲では直線近似できるとする．

【解答】 20℃ で 1 kΩ，100℃ で 500 Ω から，このサーミスタの抵抗–温度特性は，抵抗 $R = aT + b$ とおいて，R と T に題意の数値を代入すると $R = -6.25T + 1125$ となる．

ゆえに，この式の R に題意の $R_x = 812.5\,\Omega$ を代入すると，$T_x = \frac{1125 - 812.5}{6.25}$ ゆえ温度 $T_x = 50$℃ である． ■

6.3 温度–起電力変換

温度–起電力変換は熱電対を用いて，ある場所の温度情報を電圧信号に変換することである．熱電対とは異なる金属材料の2本の金属線の片方の先端どうしを接合した構造で，先端の接合部の温度に対応した起電力が2線の他端間に発生する．このために**ゼーベック効果**が用いられる．ゼーベック効果の原理を図6.7に示す．これは2種類の異なる金属線の両端をそれぞれ接合した状態で，互いの接合点の温度の差に応じた電圧が金属間に生じ，電流が金属線に流れる効果である．1821年にドイツの科学者ゼーベックがこの効果を発見したことから，この名前が付けられている．熱起電力といわれるこのエネルギーは金属線の材質と温度差のみによって定まることが知られている．

熱電対を用いた実際の温度測定では図6.8に示すように，知りたい温度Tの場所に一方の接点を設定し，他方の接点は開放にして，一定温度の装置内でその端子間の起電力Eを測定する手法をとる．この部分を既知の温度の基準接点と称する．この部分の温度を零度とすることができれば，2接点間の温度差はTとなるので，基準接点における電圧Eは直接，知りたい温度を表すことになる．一般には基準接点部分の装置の温度は室温T_sとすることが多いので，基準

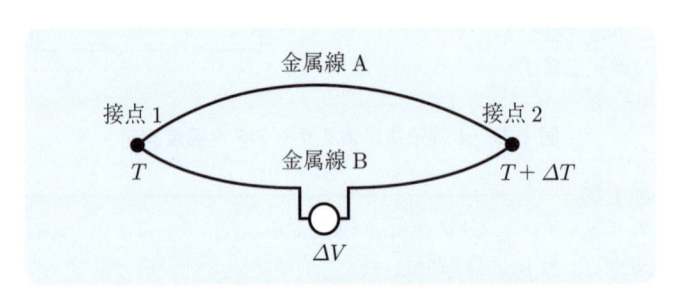

図 6.7　ゼーベック効果の原理

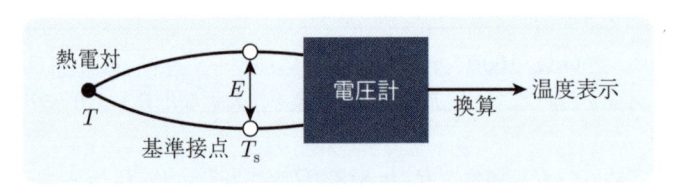

図 6.8　実際の熱電対による測定法

接点における電圧 E は $T - T_s$ である．この場合は，事前に用意した換算表を用いて，知りたい温度 T を求める．

実際に用いる2種類の熱電対用金属線としては，その組合せによって，極力，大きな起電力が発生するものが望ましい．現在は表 6.1 に示すような組合せの金属材料が一般に用いられている．一般に K 型が多く用いられる．

熱電対を用いる温度測定では，熱電対のみならず，熱電対による温度測定用装置にも工夫がなされている．すなわち，熱電対とリード線の接続部分での熱起電力も実際に発生する．このことから，通常，熱電対の種類に応じて，それを補償する仕組みが組み込まれていて，正しい温度表示ができるようになっている．

それゆえ，熱電対は単体で用いられることは少なく，熱電対用の温度測定装置と組み合わせて用いられる．図 6.9 に熱電対を用いた温度測定システムの一例を示す．

表 6.1 実際に用いられている熱電対材料の組合せ

名称	熱電対材料の組合せ	測定最高温度の目安
K 型	クロメル–アルメル (主にニッケルとクロムの合金) (主にニッケルの合金)	1200°C
E 型	クロメル–コンスタンタン (主に銅とニッケルの合金)	800°C
J 型	鉄–コンスタンタン	750°C
T 型	銅–コンスタンタン	350°C
R 型	白金ロジウム–白金 (ロジウム 13% を含む白金ロジウム合金)	1600°C

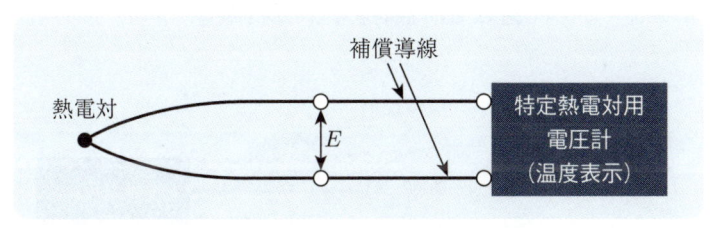

図 6.9 熱電対を用いて温度測定する場合の測定システムの例

6.4 放射温度計

　接触した状態の温度測定という通常の温度測定手法とは異なり，**放射温度計**は少し離れた対象物の温度を測る目的の温度測定装置である．そのために用いる測定手段は赤外線である．**図 6.10** に示されるように，測りたい対象物から放射されている赤外線の量あるいは強さを離れた場所から赤外線検出装置で測ることで，その受光した赤外線の強さに応じた温度に換算し，最終的にはそれを電気量に変換してデータ処理し，温度として表示する．赤外線検出には Si フォトダイオード，PbS フォトセル，複数の熱電対からなる**サーモパイル**などが用いられる．

　この測定に際して注意することは，**図 6.11** に示すように，周囲から対象物に当たり反射して測定器に入射する赤外線および測定器自身で発生している赤外線を除いて，対象物自体から照射される赤外線だけを正しく測定器で測ることである．そのために，測定器には様々な工夫がなされている．補正作業を行うこともある．

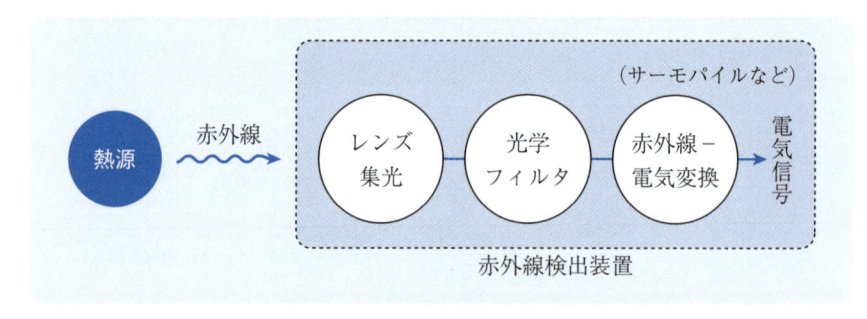

図 6.10　放射温度計の測定原理

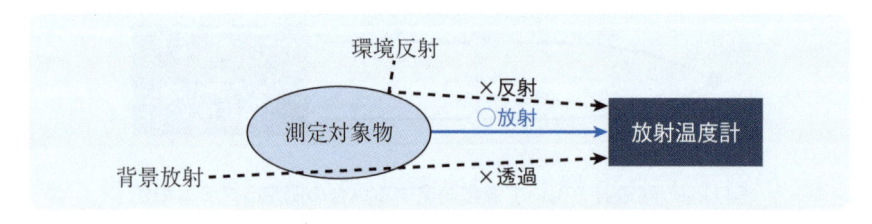

図 6.11　放射温度計に入射する赤外線

6.4 放射温度計

　放射温度計で離れた場所から測定対象物の温度を測定するだけでなく，この放射温度計の応用として，離れた場所の二次元平面の温度分布の可視化も実現している．これを**サーモグラフィー**と呼ぶ．**図 6.12** に示すように，集光部分は赤外線が透過するゲルマニウムやシリコンでできたレンズを用い，検出部にはサーモパイルあるいは熱入力を電気抵抗に変換する**ボロメータ**が用いられる．また，赤外線の熱的性質に反応する焦電素子も用いられる．ただし，焦電素子は熱の時間変化にのみ応答するので赤外線入力を間欠的に行う必要がある．

　現在は微小熱素子の集積化により，10 万画素の高密度の熱分布情報が得られ，温度の配色化により，室温レベルで 1℃ 以下の温度分解能の可視化も可能となっている．

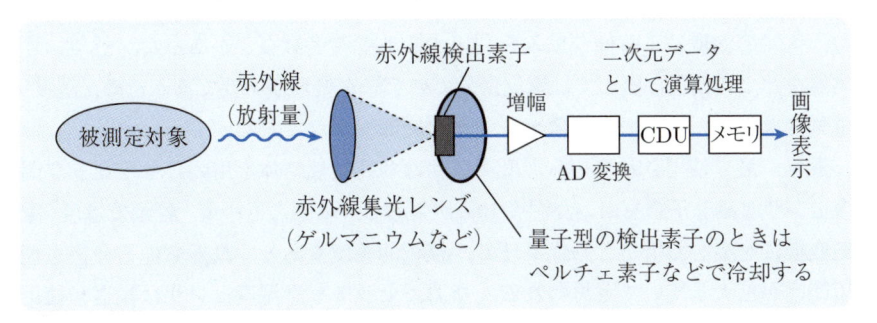

図 6.12 サーモグラフィーの概略図

● **色々な体温計** ●

　古くから病院などで信頼されてきた水銀体温計．測定に 3 分位時間がかかるのが不満点．次に電子体温計．形は水銀体温計に似ているが，中にサーミスタが入っていて，1 分位で測定結果がディジタル表示されて便利だが，推定値を表示しているのでちょっと正確さに不安がある．さらに，瞬時で体温を表示する赤外線体温計もある．数秒もかからないので，幼児などに好都合．耳の中に入れて計る．体内から照射される赤外線から温度を推定する．より正確に体温を計るための深部体温計もある．これは体温測定時に室温の影響を除く工夫がなされている．子供にとっては額に当てた母親の手のひらも立派な体温計?!

6.5 湿度−電気変換

　天気予報で耳にする湿度情報は，近年はエアコン，電子レンジ，冷蔵庫，洗濯機などの家庭電化製品にも広く取り入れられている重要な環境情報である．通常，湿度何パーセントと表現するのは正確には相対湿度のことを指しており，そのときの温度との関係で定まる量である．一方，一定空間中に含まれる水蒸気量（$g \cdot m^{-3}$）で表す湿度表現を**絶対湿度**という．結露が発生する飽和水蒸気量が温度によって異なるゆえ，同じ水蒸気量でも，そのときの温度によって，そのときの水蒸気量を飽和水蒸気量で割った値である**相対湿度**は異なることになる．

　従来，空間の湿度情報は 2 本並べた温度計の一方の液貯め部分を水で湿らせたガーゼなどで覆い，2 本の温度計の表示する温度差から求める乾湿球式湿度計や，毛髪の湿度による伸び縮みを利用する毛髪湿度計などがあった．近年，産業界などでの使用に際しては電気信号でのデータ処理が必要であるため，湿度−電気変換素子，すなわち**湿度センサ**が研究開発されてきた．

　近年，最も使用されている湿度センサは多孔質焼結体を用いた**セラミック湿度センサ**と高分子膜を用いた湿度センサである．どちらも小型・軽量で**湿度−電気変換**に対応した構造と動作原理で，機械的強度もあり，長寿命ゆえ今後も使用範囲が拡大していくと思われる．なお，セラミック湿度センサは繰返し使用による特性劣化を加熱で回復させることが可能な電子レンジに用いられ，高分子膜を用いた湿度センサは特性上，結露検出に優れていることから家庭用 VTR に用いられてきた．

　図 6.13 はセラミック湿度センサの概略を示す．セラミック基板上に一対のくし型電極を配置し，感湿材ペーストを塗布して焼結させたものである．空気中の水分が吸着することでインピーダンスの変化が生じることを利用する．

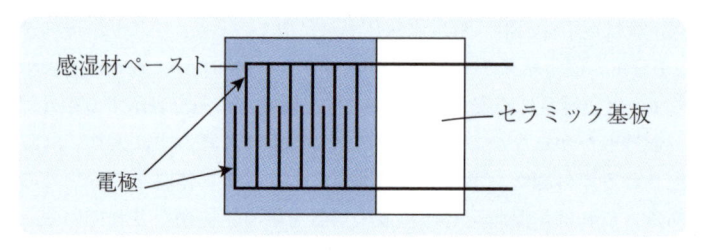

図 6.13　セラミック湿度センサの概略

6.5 湿度–電気変換

一方，高分子膜を用いた湿度センサの概略を図 6.14 に示す．この場合は感湿材料として高分子材料を含んだ溶液を上面にコーティングする．

両者ともに感湿部分に空気中の水分が吸収される度合いによって変化する静電容量や電気抵抗を利用する．すなわち，空気に比べて，水の比誘電率が 20°C で約 80 倍と大きいことから静電容量の変化をうまく利用する，あるいは水分が導電性ゆえ，含まれる水分量によって電気抵抗が変わることを利用する．どちらにしても，実際には，1 kHz 程度の交流入力で静電容量や電気抵抗からなる素子のインピーダンスを測定して湿度を求める．

また，温度測定用のサーミスタを用いて，温度と湿度を同時に測る試みもある．たとえば，図 6.15 に示すような同一のサーミスタを 2 個利用して，一個は湿度 0% の乾燥空気の容器に完全に密封した状態で封入し，一方は大気にさらした状態とする．両者を直列接続して，同一直流電流を流したときの両サーミスタの端子間電圧を測定する際に，湿度状態によって生じる気化熱の程度による温度変化でサーミスタの電気抵抗が変化することを利用したものである．

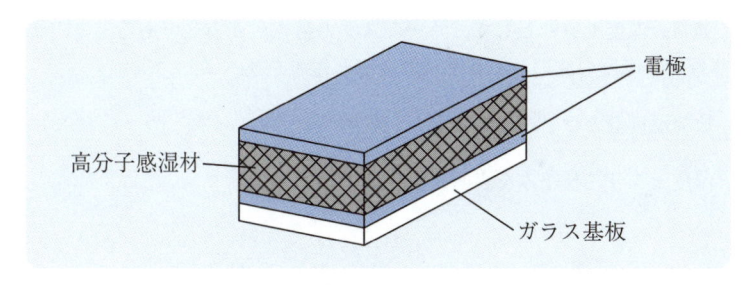

図 6.14 高分子膜を用いた湿度センサの概略

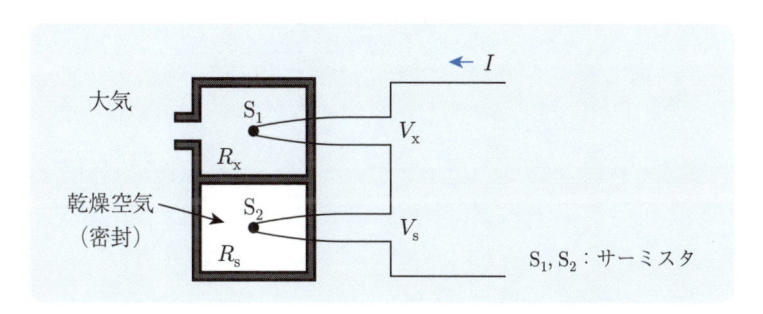

図 6.15 2 個のサーミスタを利用した湿度–温度測定

6章の問題

☐ **6.1** 現在，標準温度計として用いられる白金測温抵抗体温度計について説明せよ．

☐ **6.2** 3線式白金測温抵抗体 R_x はリード線の影響を除くために本文中の図 6.2 に示されるようなブリッジ回路で測定する．この回路でリード線の影響が除かれることを証明せよ．ただし，条件として，下図のように，リード線の抵抗 r はどれも同じとし，ブリッジに流れる電流 i も等しいとする．

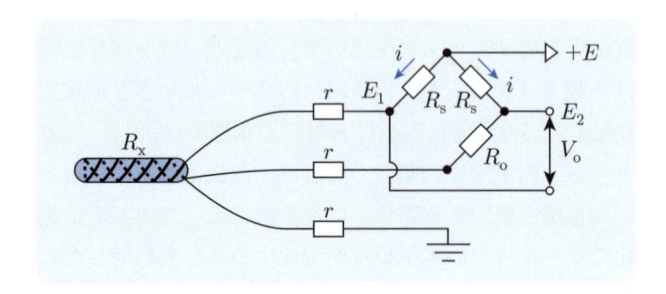

☐ **6.3** 通常，温度センサとして，サーミスタと熱電対が有名である．このサーミスタと熱電対の測温の原理とそれぞれの長所と短所を述べよ．

☐ **6.4** 放射温度計とはどのようなものか説明せよ．

☐ **6.5** 湿度センサの仕組みを説明せよ．

第7章

化学・生体情報−電気変換

　化学現象や化学的変化を電気信号に変換してデータ処理することは今日の情報化社会において大きな意味を持っている．

　また，生体反応の諸現象を電気信号に変換して，コンピュータによりデータ処理することは現在の社会に必要不可欠となっている．

　ここでは，様々な化学あるいは生体の諸現象を電気信号に変換する仕組みについて調べる．

　また，バイオエレクトロニクスにおける電気計測の役割を学ぶ．

■ **7章で学ぶ概念・キーワード**
- 化学・生体関連分野の電気変換の原理と分類
- 化学反応−電気変換
- 生体反応−電気変換

7.1 化学・生体関連分野の電気変換の原理と分類

化学・生体関連分野の電気変換は2章から6章までの主に物理量–電気変換とは異質で，電気電子工学を学ぶ者にはなじみが薄い分野であるが，社会の中では重要な領域である．

化学反応–電気変換に関しては水質や排気ガス，ガス漏れなど生活に係わる，空気と水に関する化学反応を電気信号に変換する発想が古くから知られている．たとえば，種々の測定方式による**ガスセンサ**（7.2節）がある．一例としては，熱した酸化物半導体薄膜上にガスが吸着し，そのことによって生じる半導体薄膜の電気抵抗の変化を測定できると，結果的にガス濃度がわかることになる．

また，化学反応–電気変換にはガスセンサの他にも，溶液中のイオン濃度を知るための**イオンセンサ**（7.2節）がある．このセンサはイオン感応膜を具備したイオン電極を用いることが多いが，最近では半導体技術の進展に伴い**ISFET**（イスフェット）と称するイオン感応膜をゲート電極に塗布したMOSFETも開発されている．これはイオンセンサと増幅器の一体型の機能を有することからさらなる進展が予想される．

一方，人間を含む様々な生物の生体関連の現象を電気信号として処理する**生体反応–電気変換**に関しては，近年ではバイオエレクトロニクスという研究の一分野として確立するまでに進んでいる．生体関連の電気変換機能として，酵素，微生物，抗体を対象としたものが主に研究開発されてきた．これら全体を総称して**バイオセンサ**（7.3節）といい，健康・医療分野をはじめ，食品・発酵産業や環境分野など，多方面に広がりを見せている．

図7.1に化学・生体関連分野の電気変換の仕分けを示す．

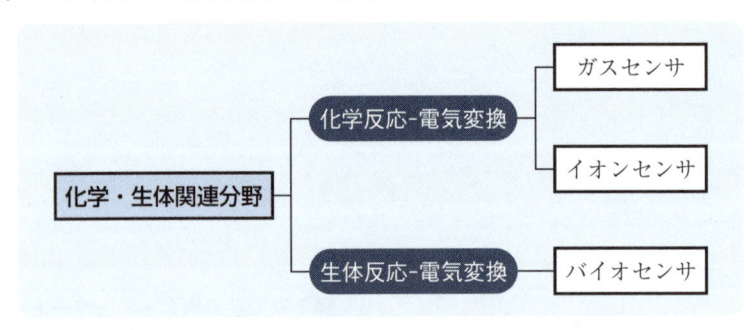

図7.1　化学・生体関連分野の電気変換の全体像

7.2 化学反応–電気変換

現在，数多くの化学反応–電気変換が知られているが，最もよく利用されているものに**ガスセンサ**がある．

ガスセンサにも様々なタイプがあり，たとえば，定電位電解式，接触燃焼式，固体電解質式，半導体式，隔膜ガルバニ電池式などである．

ここでは長年用いられてきた**酸化物半導体ガスセンサ**を紹介する．これは酸化すず（SnO_2）などのn型半導体を絶縁管セラミックス表面に焼結させたもので，管の中に白金線ヒータを挿入して300℃程度に加熱する．被測定ガスの化学吸着が起こると，半導体表面の酸化反応により，電子が半導体に流入し，導電率が増加する．それによって半導体の電気抵抗が変化するので，それを測定することにより，ガス濃度を知ることができる．実際には，触媒としての白金などの添加や，ヒータ挿入による加熱化でセンシング効果を上げている．

図 7.2 に酸化物半導体ガスセンサの構造の一例を示す．プロパンガスや都市ガスの検知などに用いられている．

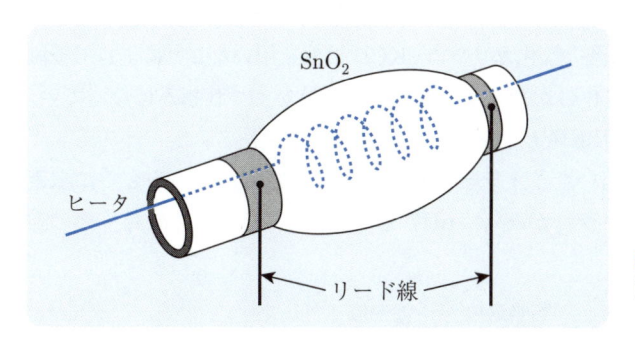

図 7.2
酸化物半導体ガスセンサの構造

● **本当はプロパンガスにも都市ガスにも臭いはない！** ●

人がガス漏れに気がつくように，わざわざ，プロパンガスや都市ガスに人工的にガスの臭い?をつけていることは周知の事実．一般にガスには臭いがない？しかし，それなら，おならが臭いのはどうしてか気になる．原因はどうも食事で口から入ったタンパク質が腸で分解してアンモニアなどが発生することにあるらしい．臭いの抑制に乳酸菌が有効らしい．

また，一酸化炭素（CO）や硫化水素（H_2S）などのガス濃度を測定するために多用されている**定電位電解式ガスセンサ**の仕組みを説明する．定電位電解とは電解溶液中の試料極の電位を一定に保って電気分解を行わせ，そのときの電解電流を測定する手法である．

図 7.3 に構造を示す **CO ガスセンサ**において，一定の参照電圧 E_s を利用して，参照電極–作用電極間の電圧を一定に制御しながら，ガス透過膜 F を通過した CO ガス濃度に応じた作用電極–対極間での電気分解による電解電流を電流計 A で測定することで CO ガス濃度を知ることができる．

一方，水溶液中のイオンの濃度を検出する**イオンセンサ**も化学反応–電気変換の代表的なデバイスである．

水溶液中の水素，ナトリウム，カリウムなどのイオンの濃度を選択的に知ることのできる**イオン選択電極**が用いられる．イオン選択電極にはイオン感応膜が装着されていて，この電極をイオン濃度を測定したい溶液中に挿入すると溶液中の特定のイオンが選択的に透過する．その結果，溶液中に別に挿入した参照電極とイオン選択電極の双方で，イオン選択電極に透過した濃度に応じて発生した両電極間の電位差が測定でき，その電位差から溶液の濃度を導くことになる．

一般に参照電極には濃い塩化カリウム（KCl）溶液を用いることによって被測定溶液のイオン濃度の変化の影響を受けない一定電位を保つ仕組みになっている．

図 7.4 にイオン選択電極センサの全体の構成を示す．

イオン選択電極を用いたイオンセンサで最もよく知られているものに**水素イオン濃度計（pH メータ）**がある．pH7 を中性とし，7 未満を酸性，その逆を

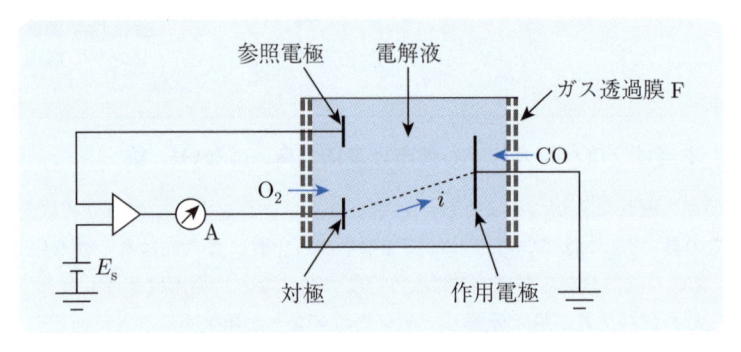

図 7.3　CO ガスセンサの構造

アルカリ性とする．水素イオン濃度指数 pH（$= -\log_{10}[\text{H}^+]$）とは水素イオンのモル濃度 $[\text{H}^+]$ の逆数を常用対数 $\log_{10}$ で表したものである．

図 7.5 に代表的な pH 計の構造を示す．電気生理学の分野では電極電位を**ネルンストの式**を用いて，一般に両電極間に発生する起電力 U を表現できるが，測定温度 18°C，イオンの荷数を 1 とした場合には，ネルンストの式は下式のようになる．

$$U = 0.058 \log \frac{C_\text{x}}{C_\text{s}} \text{ [V]} \tag{7.1}$$

ここで，C_x は被測定溶液の水素イオン濃度，C_s は既知の内部溶液の水素イオン濃度である．

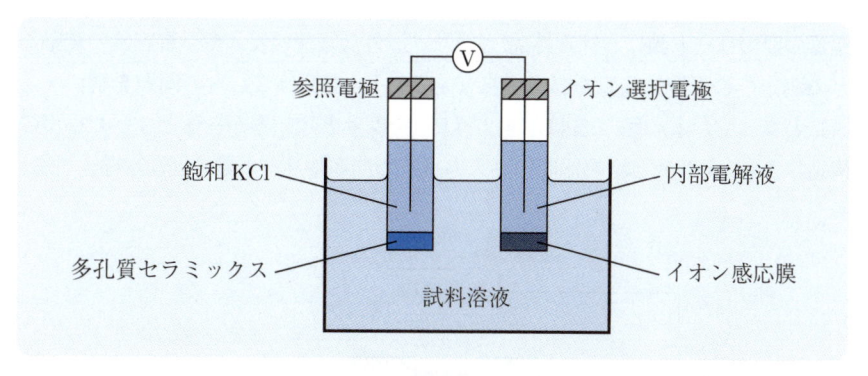

図 7.4　イオン選択電極センサの構造

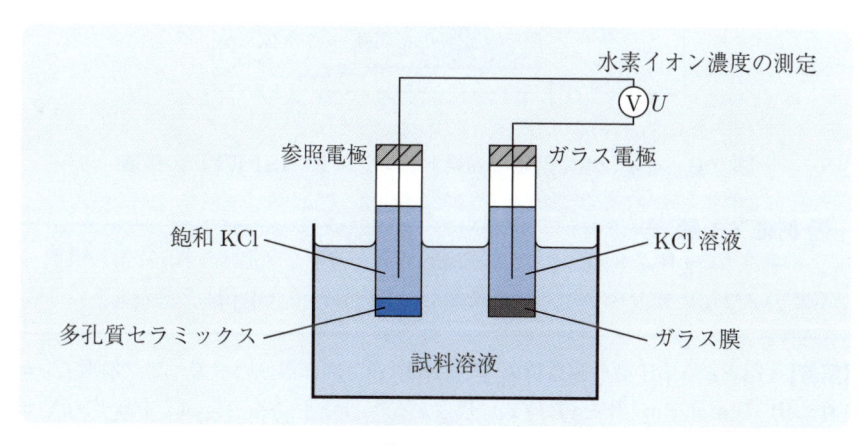

図 7.5　代表的な pH 計の構造

第7章 化学・生体情報–電気変換

近年の半導体技術の進歩により，イオン選択電極センサと高入力抵抗電界効果トランジスタ増幅器を合体した超小型イオンセンサである**イオン感応型 FET**（**ISFET**（イスフェット））というデバイスが実現している．ISFET の構造は，図 7.6 に示すように，**MISFET**（ミスフェット）(metal insulator semiconductor FET) のゲート金属電極を除去し，**イオン感応膜**を被覆した構造の FET である．これを直接被測定溶液に浸すと，イオン感応膜と溶液の界面に液中の特定のイオンの濃度に対応して界面電位が発生する．したがって，溶液中の参照電極の電位を基準にして，この界面電位すなわちイオン濃度を FET のチャネル電流の変化として観測できる．前述のイオン選択電極センサは出力の電位差を得る端子間の抵抗が非常に高いことから，その電位差を測定する電位計として高入力抵抗増幅器が必要である．また，センサと増幅器の間のリード線における外乱，すなわち，外部雑音の侵入や浮遊容量の変動などの測定への影響に注意を払う必要がある．ISFET はこれらの問題を解決する構造となっている．図 7.6 に示すように，センサと増幅器が一体となった小型の構造により，センサと増幅器間の高入力抵抗の問題やリード線の問題が除かれる．

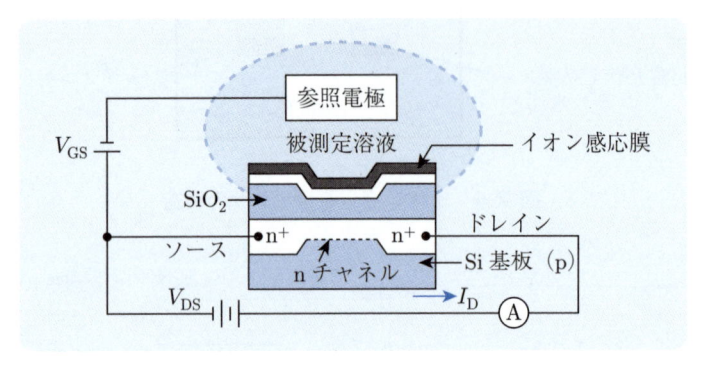

図 7.6 イオン感応型電界効果トランジスタ（**ISFET**）の構造

■ **例題 7.1** ■

内部溶液の pH が 8 のときに，未知濃度の外部溶液を測定したら pH 計の膜電位が $+232\,\mathrm{mV}$ であった．(7.1) 式を用い，この外部溶液の pH を求めよ．

【**解答**】 題意から pH 計の膜電位 $U = 0.232\,[\mathrm{V}]$，内部溶液の水素イオン濃度 $C_\mathrm{s} = 1.0 \times 10^{-8}\,[\mathrm{mol \cdot dm^{-3}}]$ を (7.1) 式に代入すると，$\log \frac{C_\mathrm{x}}{1.0 \times 10^{-8}} = 4$．よって，$C_\mathrm{x} = 1.0 \times 10^{-4}\,[\mathrm{mol \cdot dm^{-3}}]$．すなわち，外部溶液の pH は 4 となる．

7.3 生体反応−電気変換

生体反応を光，超音波，熱などの種々の検出手段により電気信号として取り出し，簡便で効率的，かつデータ処理に便利という電気信号の利点を活かして活用する研究が進められている．これらは一般に**バイオセンサ**と呼ばれているが，ここでは最もよく用いられている電気化学的な手法による狭義のバイオセンサに絞って，その仕組みを考察する．

基本的な測定原理は前節の化学反応−電気変換に類似であるが，対象は主に，生体の酵素，免疫，微生物などである．たとえば，生体における特定の化学物質を知りたいときに，たんぱく質の持つ選択機能を利用するケースを考えてみる．この場合，ある酵素が固定化した膜（**酵素固定化膜**）に溶液を接触させると，反応して，基質の濃度に比例した電流が膜に接した電極に流れる．

図 7.7 にバイオセンサの原理の概略を示す．

また，生体反応−電気変換素子の中でも，今日，広く知られているのは**酵素−電気変換**，すなわち，**酵素センサ**である．

酵素にはグルコース，尿素，中性脂質などがあるが，その中でも，最もよく社会で用いられているのは**グルコースセンサ**である．これは血液中あるいは尿中のブドウ糖，すなわちグルコース濃度を調べる装置であり，糖尿病診断に用いられる．

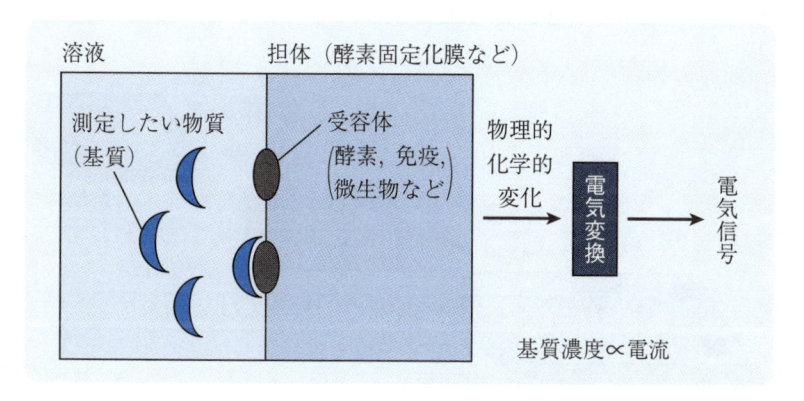

図 7.7　バイオセンサの原理

第7章 化学・生体情報−電気変換

グルコースセンサにもいくつかの手法があるが，ここではPtとAgからなる過酸化水素電極を用いたグルコースセンサを図7.8に紹介する．

一方，この分野においても半導体技術の影響が大きく，最近では，固体化電極を使用した小型で軽量な使い捨てグルコースセンサが注目されている．図7.9にその構造の概要を示す．

生体反応−電気変換としては酵素の他に，抗体や微生物を対象とした**免疫センサ**や**微生物センサ**の研究も進んでいる．

免疫とは抗原抗体反応を用いて，体内の病原体や異なった血液型物質などの抗原あるいは抗体を認識して反応する機能であるが，代表例として**血液型判定センサ**がある．図7.10にその構成の概略を示す．

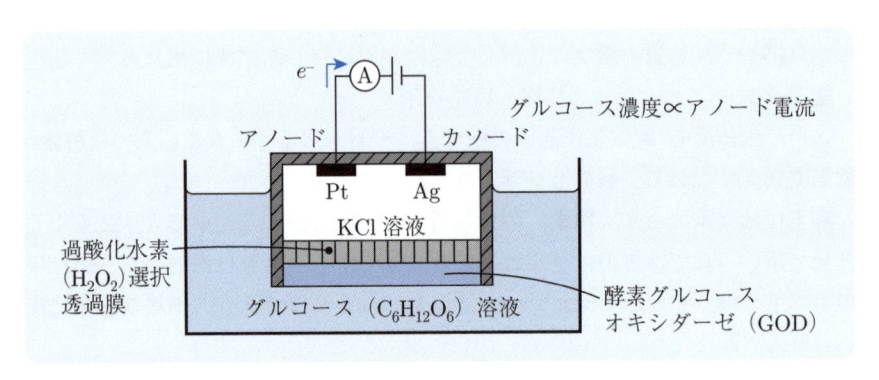

図7.8 過酸化水素電極を用いたグルコースセンサ

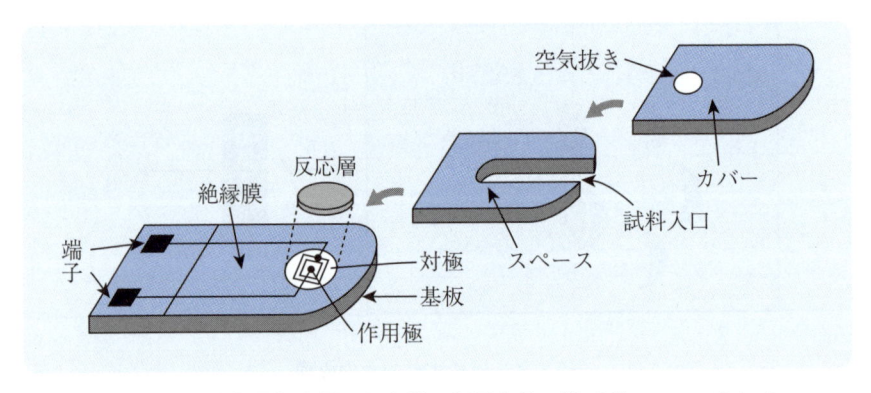

図7.9 固体化電極を用いた小型で軽量な使い捨てグルコースセンサ

7.3 生体反応–電気変換

微生物に関しては酸素を消費する好気性微生物と炭酸ガスを消費する嫌気性微生物がある．ここでは微生物センサの一例として，図7.11に示すような，グルタミン酸などの栄養素を検出するセンサを紹介する．微生物中に存在するある種の酵母をアセチルセルロース膜上に固定する．溶液中に栄養素があると酵母が活性化し，酸素を消費する．この酸素量の変化から栄養物質濃度が検出できる．この他，微生物センサには河川などの清浄度を示す**生物化学的酸素消費量（BOD: biochemical oxygen demand）**を計測するための**BOD**センサもある．これは微生物が廃水中で水素を発生することを利用したものである．

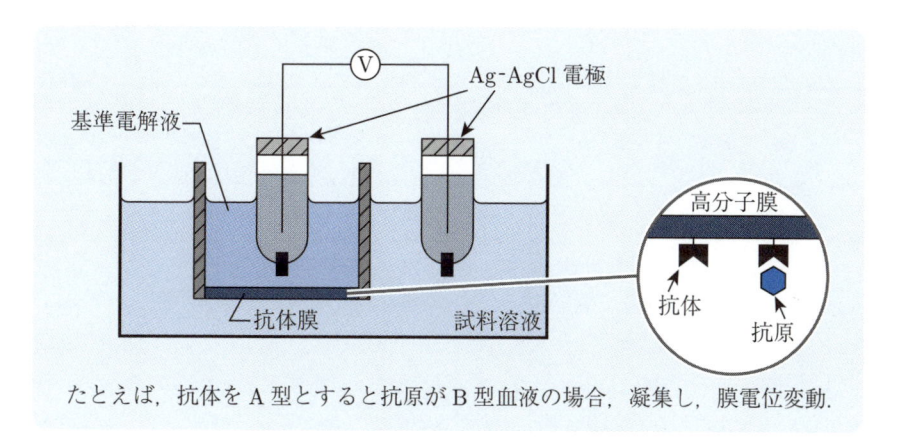

図 7.10 血液型判定センサの概略

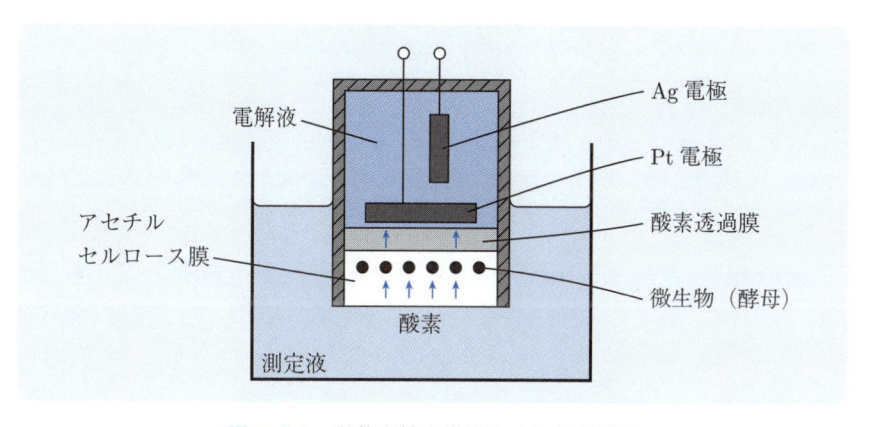

図 7.11 栄養素検出微生物センサの概略

7章の問題

☐ **7.1** 化学・生体関連分野のセンサとしてはどのようなものがあるかを，化学と生体に分けて述べよ．

☐ **7.2** ガスセンサの仕組みについて説明せよ．

☐ **7.3** ISFET とは何か説明せよ．これは通常のイオンセンサに比べてどのような利点があるか．

☐ **7.4** バイオセンサとは何か説明せよ．

第8章
人間の知覚とロボットセンシング

　この章では人間の知覚とロボットセンシングについて考える．人間は視覚，聴覚，触覚，嗅覚，味覚という五感を最大限に働かせて様々な情報の収集源とし，かつ複数の情報を統合して高度な認識へと誘導する．それらの人間の機能を人工的に実現させる試みとして人型ロボットのセンシングがある．ロボットセンシングがどのような手段と発想で人間の知覚を模倣した形態を構築化しているかを見るとともに，電気電子計測がそれらにどのような形で関係しているのかを探っていく．

■ 8章で学ぶ概念・キーワード
- 人間の知覚とロボットセンシングの関係
- 視覚と視覚用センサ
- 聴覚・触覚と聴覚・触覚用センサ
- 嗅覚・味覚と嗅覚・味覚用センサ

第8章 人間の知覚とロボットセンシング

8.1 人間の知覚とロボットセンシングの関係

電気電子測定器が常に目指している，精密で正確な測定をなし，その結果を表示するという機能を人間は有しているかというと必ずしもそうではない．たとえば，風邪をひいている子供の額に手を当てて，状態を把握しようとしている母親の手のひらは体温計のような $0.1{}^\circ\mathrm{C}$ の精密な温度表示や，$39{}^\circ\mathrm{C}$ あるという絶対的に正確な値を認識できないであろう．しかし，不思議なことに，確実に普段より熱があることを確認することはできる．過去の経験により蓄積されている知識と現在の手の持つ感覚を統合して判断している．人間は多くの場合，あいまいな収集情報であっても，巧みに意図している決断のための判断材料としてしまう．この五感の持つ巧みさをロボットセンシングを考える場合には注視することが肝要である．

人間の**五感**は単純なセンサではない．脳とつながっている知能センサといえる．このシステムをロボットの場合にどのようにして実現するかが重要である．センサをコンピュータと接続するという考えがある．単純なデータの処理や簡単な判断や識別は可能であるが，人間の持つ五感のような巧みな判断力やあいまい量の処理のレベルには至っていない．

次節以降で人間の五感と対応する**ロボットセンシング機能**の関係を個別に調べていく．

まず，**視覚**（8.2節）は人間の外部からの情報収集の大部分を占めるといわれている．この機能は奥が深く，カメラのように光センサで単純に外部の情報を画像化しただけではもちろん十分ではない．そのために，これまで多くの努力がなされてきた．

次に，**聴覚**と**触覚**（8.3節）は機能的に異なるが，圧力情報という広い意味のカテゴリでくくることができる．聴覚はマイクロフォンに代表される機器があるが，触覚は感圧導電性ゴムシートなどの試みが進行中であり，完成度は高くはない．

最後に，**嗅覚**と**味覚**（8.4節）は化学あるいは生体系のセンサでの挑戦となる．興味深い内容であるが，物理系とは異なる視点とアプローチが要求される内容である．

8.1 人間の知覚とロボットセンシングの関係

人間の五感と対応するロボットセンシング機能の関係を表 8.1 に示す.

ところで，ロボットセンシングを考える場合に，人間とは別に，動物や植物の生態を知ることも大いに有益である．ロボットを人間の代替として用いるときに，人間の五感のみならず，それ以上のセンシング機能を具備できるならば，より有益な道具とすることができるからである.

動物の中には人間の五感の能力を超えた機能を持っているものも多数存在する．たとえば，聴覚において，20 kHz を超える超音波は人間の耳では認識できない．しかし，コウモリやイルカなど，かなりの動物が知覚できる．視覚に関しても，人間は光の波長が 780 nm より長い赤外線領域になると見ることができないが，蛇の中には赤外線が認識できるものもある．一方，波長が 380 nm 以下の紫外線も人間には認識できないがある種の蝶は識別できる.

将来，ロボットに人間の耳の代替としてのマイクロフォンの他に，超音波センサを取り付け，また，目の代わりとしての光センサの他に，赤外線や紫外線用のセンサを装着することで人間を超えた感覚領域の情報収集ができることになるであろう.

表 8.1 人間の五感と対応するロボットセンシング機能

視覚–目	光センサ–カメラ–物体認識システム
聴覚–耳	マイクロフォン–波形分析システム
触覚–皮膚	感圧導電性ゴムシート
嗅覚–鼻	人工脂質膜–ISFET–ニオイパターン比較
味覚–舌	脂質膜–味パターン比較

● ハエは足先で味を感じる？ ●

砂糖水の入った小皿にクロバエが来て，水の中で踊っている．なんと，足の毛で甘味を感じているらしい．味は舌とばかり思っている人にはビックリの現実．さらに，トカゲは舌の先でニオイ分子をとらえて口の中に持っていく！ まったく，生物の世界は奥が深く，常識を超えている．これらの様々なメカニズムを学習し，ロボットのセンシング機構に組み入れるのは容易ではない.

8.2 視覚と視覚用センサ

視覚は人間にとって最も重要な外部情報を得る感覚である．日常の取得する外部情報の7, 8割は視覚といわれる．外部からの視覚情報は人間の眼球の水晶体レンズからガラス体を介して網膜に達し，神経細胞を通して脳に至る．

特筆すべきは，この視覚認識システムの巧妙さである．たとえば，明るい場所から急に暗い場所に移動すると最初は内部がよく見えないが，徐々にぼんやりと見えてくる仕組みをみると，$10^{-6}\,\mathrm{cd\cdot m^{-2}}$ から $10^{6}\,\mathrm{cd\cdot m^{-2}}$ という広範囲の輝度に対応しようとしていることがわかる．ただし暗所視では高感度となるが低分解能である．また，網膜の中央部と周辺部でその分解能が異なる．物をはっきり見たいときはその被写体を網膜の中央に移動させ凝視する．

自明のことであるが，2個の目を備えて対象物の距離や全体像の遠近感の情報を得る構造も含めて，人間の目は実に巧みといえる．

これらの機能を人工的に実現し，特に人型ロボットの視覚情報を得る仕組みを構築するために，人間の目と同じように，2個のディジタルカメラの組合せが多用されている．もちろん，カメラは人型ロボットのみならず，広く一般に様々な装置の視覚としての役割を果たしている．可視光のみならず，赤外線領域まで視野を広げられる点は人間の目を超えた機能といえる．

ただし，実際には，カメラによって得られた画像から目的とする特徴を抽出して判断材料とし，次の動作や制御につなぐ機能が要求される．しかし，この点で，カメラを含む一連の視覚システムは人間の目のレベルに程遠く，いかにして捉えた映像の対象物を特定するか，あるいは認識するかという，この視覚分野での物体認識こそが長年にわたり最大の課題となっている．

図 8.1 に人間の目と視覚システムの様子を比較して示す．

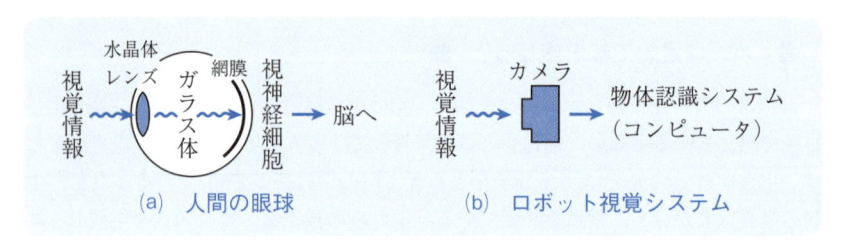

図 8.1　人間の目と視覚システムの比較

8.2 視覚と視覚用センサ

一般に**視覚センサ**として多用されるディジタルカメラ内のイメージセンサは図 8.2 に示すような MOS 型と CCD 型がある.

MOS 型イメージセンサは XY アドレス指定方式であり,各画素の発生信号を順次 MOSFET で選択的に呼び出す方式である.各接点の MOSFET がオンオフスイッチの役目をしていて,XY 接点列のタイムスキャンニングが行われる.ある接点の XY 同時オンのときの MOSFET に直列接続されたフォトダイオードの光情報を認識し,そのポイントが超高速で時系列に移動する.

一方,**CCD 型イメージセンサ**は信号転送方式であり,各画素の出力信号を同時に電荷転送素子に転送し,その後,順次信号を読み出す方式である.

機能不全の網膜内の視細胞の代替の人工網膜チップを含む**視覚認識補助システム**を組み込み,機能している当事者の脳の視覚野に信号を送ることで視覚障害のハンディキャップを克服しようとする,いわば,脳と機械のハイブリッドな組合せの試みがある.図 8.3 にその様子の一例を示す.人間と同じ機能のロボット実現を目指すという内容とは異なるアプローチであるが,このような**感覚代行システム**の研究開発も行われている.

(a) MOS 型イメージセンサシステム (b) CCD 型イメージセンサシステム

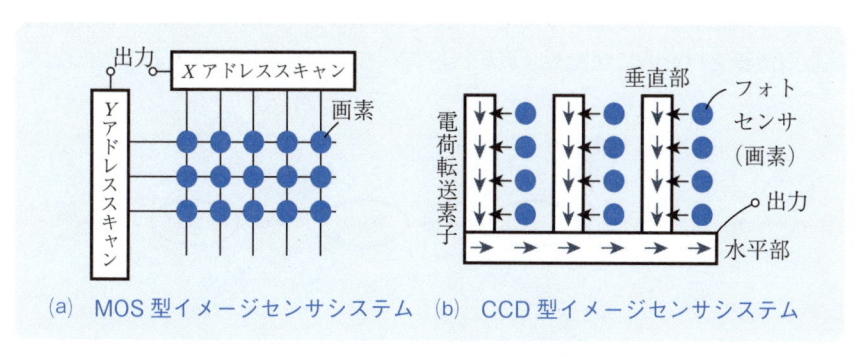

図 8.2 イメージセンサシステムの構造と仕組み

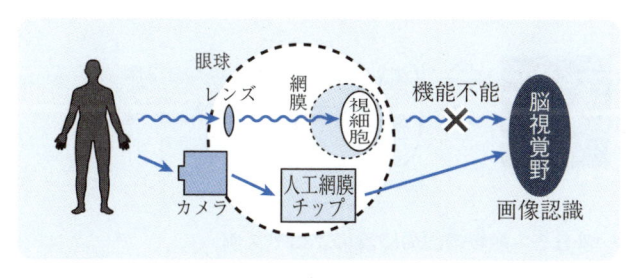

図 8.3 視覚認識補助システムの概念

8.3 聴覚・触覚と聴覚・触覚用センサ

　人間の**聴覚**の仕組みは，図 8.4 に示すように，外耳から入った機械的な振動，すなわち，空気の圧力変動が中耳の入り口の鼓膜を振動させ，その内部の 3 個の耳小骨で増幅され，さらに内耳の蝸牛に伝わり，聴神経を介して脳に達することで聴覚情報を認識する．頭部側面の左右の 2 個の耳の位置によって，音源の方向や動きを認識する．

　一方，**触覚**は聴覚同様，圧力の皮膚に接する際の感覚であるが，体全体に分布していることや能動的な面がある点で視覚や聴覚と異なる．手のひらだけでも機械的刺激に応答する**触覚受容器**が 1 万 7 千あるといわれている．とりわけ，手の指先は最も鋭敏で，人間にとっての重要な情報収集源といえる．皮膚表面から内部に向かって 4 種類の異なる機能の受容器が分布しているが，その中でもマイスナー小体は皮膚表面に近く位置し，受容野は狭いが，刺激に対する応答が速い．このような触覚受容器の他に皮膚には痛覚，温覚，冷覚に対応する受容器もある．図 8.5 にそのプロセス例を示すが，受けた刺激により受容器から発生した信号が神経線維から脊髄を経て脳の体性感覚野に達し，人間は皮膚からの情報を総合的に判断し，実際に起こっている現象を認識することになる．

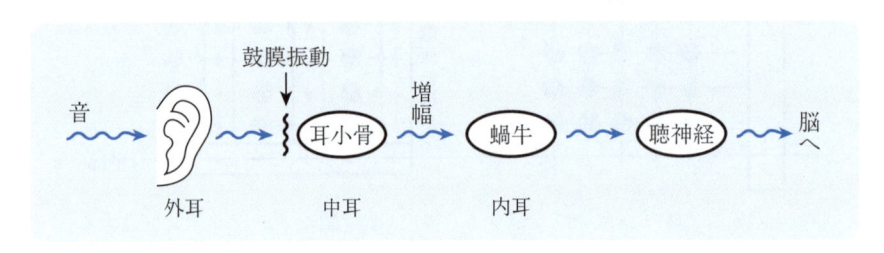

図 8.4　人間の聴覚の仕組み

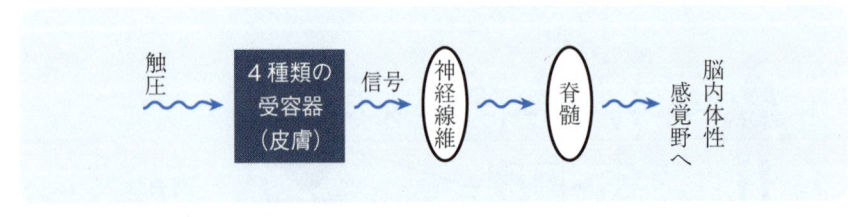

図 8.5　触覚情報の認識のプロセス例

8.3 聴覚・触覚と聴覚・触覚用センサ

聴覚と触覚のそれぞれのセンサの現状の一端を以下に紹介する．

ロボットにおける聴覚機能の実現にはマイクロフォンが一般的である．マイクロフォンには図 8.6 に示すような 3 種類の動作原理があり，それぞれの目的に応じて使われている．

可動コイル型（**図(a)**）は電磁誘導を利用したもので，振動板に取り付けられた可動コイルが固定磁石の磁界中で振動し，その結果発生する起電力を利用する．

コンデンサ型（**図(b)**）は対の平行平板形状のコンデンサの一片が振動することによる静電容量の変化が利用される．

圧電型（**図(c)**）は文字通り音波による圧力変化を受けた**バイモルフ圧電素子**から発生する電圧の変化を利用する．

また，聴覚情報の認識に関しては長年，図 8.7 にそのプロセス例を示すように，主に**音声認識**の研究が活発になされてきた．マイクロフォンで収集した音の時間軸上の音声波形パターンから，その音圧と周波数により解析し，特定する試みである．音声による言語の変換，たとえば，日本語の音声を英語に自動

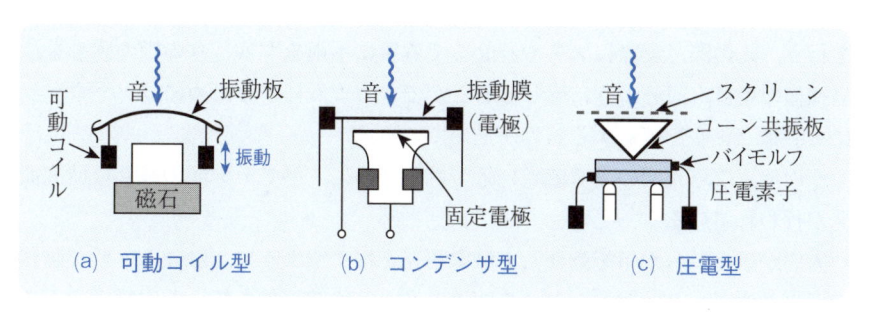

図 8.6 マイクロフォンの動作原理

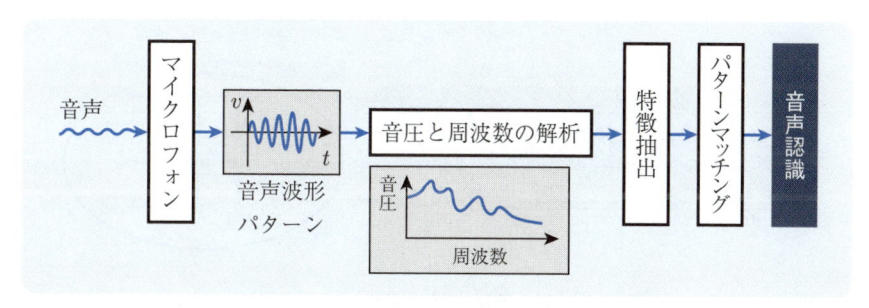

図 8.7 音声による言語変換のプロセス例

翻訳して瞬時に発音させるなどの試みは，近年には単語や短文，あるいは一定の記憶させた文節の他言語への変換が可能となっている．ただし人による音声波形の微妙な違いから，翻訳装置に登録された人の音声に限られる場合が多い．

一方，人間の触覚と同様の繊細な機能を有する触覚センサを実現させるいくつかの手法が提案されているが，ここでは**感圧導電性ゴム**のような柔らかい材料を用い，印加された圧力量を微小面積の感圧導電性ゴムの変形による抵抗変化に変換して情報を得る方法を紹介する．一例として，手のひらの代替として把持力分布情報を得るための碁盤の目のように配置した微小面積感圧導電性ゴムの集合体を図 8.8 に示す．感圧導電性ゴムはある程度の温度係数を持っていることと若干のヒステリシス特性を有していることから取り扱う際には注意する必要がある．それゆえ，あまり精密な測定には向いていない．感圧導電性ゴムの構成に関しては 4.5 節を参照されたい．

触覚センサは医療の分野でも注目されている．特に，手術ロボットでは実際の手術台上部にある複数のロボットハンドなどは離れた場所にいる医者が手術台のカメラからの映像を見ながらコントローラで制御しながら遠隔操作で手術を行う．この際，実際にメスやハサミで直接に手術をするときの指の感触を遠隔操作の場合も同じように感じることができるようにするためにコントローラにも触覚センサを装着する試みが進んでいる．

その他，より人間の皮膚感覚に近づけるために，触覚センサの様々な研究開発が行われている．

人間が手のひらや指を動かして触覚情報を増やすように，触覚センサで物体表面をさすったり，触覚センサを振動させたりする機能を備えた皮膚感覚システムの開発も進められている．

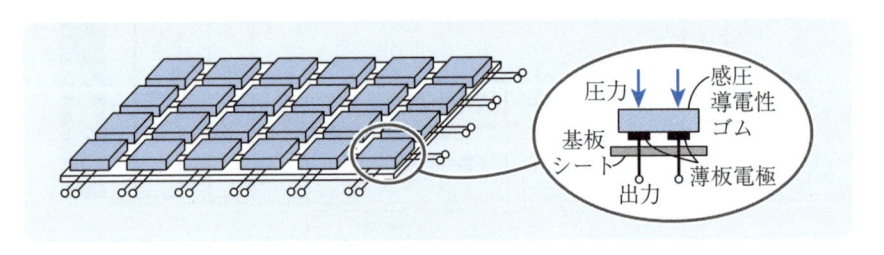

図 8.8 微小面積感圧導電性ゴムの集合体

8.3 聴覚・触覚と聴覚・触覚用センサ

> **例題 8.1**
>
> 　各々縦横 10 cm，厚さ 1 cm の平板形状で表面がツルツルの銅板，アクリル板，ゴム板を手のひらでは目を閉じていてもそれぞれ識別できる．
> 　感圧導電性ゴムを用いて上記3種類の材料を識別するにはどのような方法とプロセスで行ったらよいか考えよ．
> ヒント：感圧導電性ゴムの温度特性も考慮する．

【解答】　最初に各試料板上に感圧導電性ゴムを置いて，その上から荷重をゆっくりと加えていく．そのときの硬い銅板とアクリル板および柔らかいゴム板が硬さの違いから感圧ゴムの変形の違いによる抵抗変化の差異により識別される．

　次に，感圧導電性ゴムの温度変化による抵抗変化の特徴を利用して，熱伝導率の良い銅板と熱の伝わりが遅いアクリル板の上に，少し加熱した感圧導電性ゴムを接触させ，そのときの感圧ゴムの抵抗の時間変化を観測する．大きく抵抗変化する方が熱伝導の良い銅板である．これで3種類を識別できたことになる．　■

> ● **骨の振動で音を聞く!?** ●
>
> 　耳の聞こえない人がどのようにして人間の声や様々な音を認識できるようになるかは長年の研究課題であった．難聴の人には補聴器，全く耳から音を聞くことができない人には手話がよく知られた手段である．
> 　空気を媒介にした通常の方法ではなく，頭部の骨などを介し，直接内耳に音を伝達させる骨導音（こつどうおん）という方法がある．超音波の搬送波を音声信号で振幅変調して音を聞くことができる．
> 　耳から脳までのどの部分に異常があるかによって対応が異なるが，重度の難聴者にも，この方法で他人の声が聞こえるとなるとすごい．

8.4　嗅覚・味覚と嗅覚・味覚用センサ

　嗅覚，すなわち，ニオイを感じる仕組みは人間の鼻の粘膜にある．この粘膜の数億の嗅細胞にニオイ分子が吸着すると嗅細胞の電位に変化が生じ，その情報が脳に伝わるといわれている．ニオイは内容により，良い匂いまたは不快な臭いなどと書き分けることが多いが，数十万個のニオイ物質が存在すると考えられ，その識別のメカニズムは非常に複雑で，未だ十分に解明されていない．

　一方，人間の味覚は舌であるが，そこは味蕾（みらい）という数十億の味物質受容細胞の集合でできているといわれる．味物質が味細胞と結合すると，電位が負から正に変化し，その情報がインパルスとして脳に伝えられる．味覚は現在，甘味，辛味，酸味，苦味，うまみの5種類に分類される．ある味に対する5基本味（あじ）の反応の各々の強弱を統合したパターンを認識し，それによって人間はその味を特定すると考えられている．

　図8.9に人間の嗅覚と味覚の仕組みの概念を示す．

　実際のところ，多様で複雑なニオイや味の違いの識別のメカニズムを解明し，嗅覚センサや味覚センサを実現することは長年困難なことと考えられてきた．嗅覚や味覚のためのセンサ実現のためのアプローチは物理的な原理を利用する視覚，聴覚，触覚のセンサとは異質のもので，化学的な取扱いとなる．

　何種類かの嗅覚センサ実現のためのアプローチの代表例として，様々な異なる脂質と高分子からなる数種類の人工の脂質膜をISFETなどに装着して，それらに様々なニオイ分子が吸着したときに生じる人工脂質膜ごとの出力電位パターンを得る方法がある．

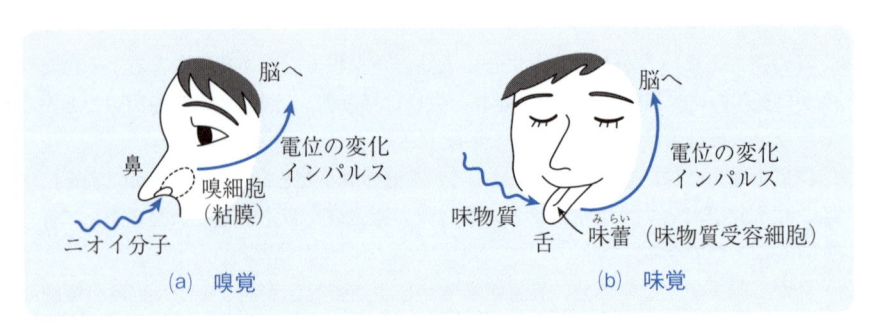

図8.9　人間の嗅覚と味覚の仕組みの概念

8.4 嗅覚・味覚と嗅覚・味覚用センサ

既知のニオイサンプルで取得した出力電位パターンをベースに未知のニオイ物質の出力電位パターンの比較により類似のニオイを推定していく．それらの推定の進め方を図 8.10 に示す．

味覚センサでは，人間の舌が味覚を判断するメカニズムを模倣した**味センサ**の開発が行われている．その概念図を図 8.11 に示す．まず，様々な異なる種類の脂質を含む脂質膜でできた複数個の電極の集合体と参照電極を液体試料用容器内に装着し，その容器に甘味，辛味，酸味，苦味，うまみの 5 基本味に対応する物質を含む溶液を個別に注ぐ．その結果得られる 5 基本味の各溶液による複数個の脂質膜による電極で得られた応答電位と各電極の関係をプロットすると各基本味をパラメータとした電極–応答電位パターンが得られることになる．このパターンを参考にして，様々な食品の味センサによる識別がなされている．

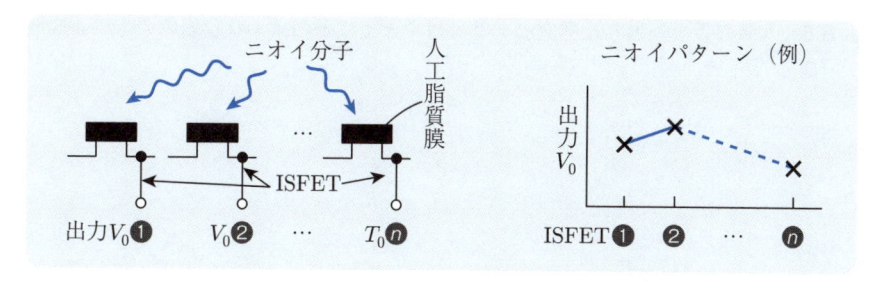

図 8.10　嗅覚センサの一例の仕組みの概念

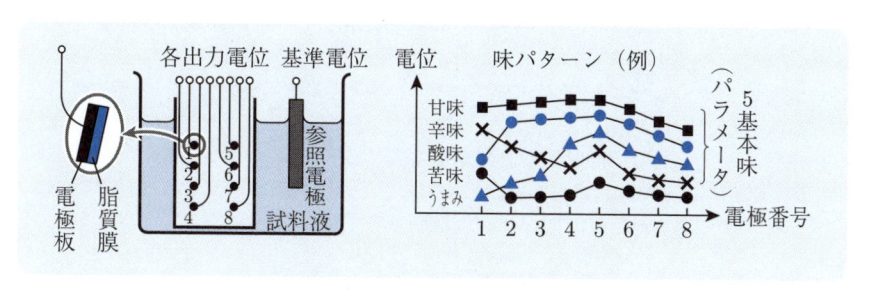

図 8.11　味センサの仕組みの概念

8章の問題

- **8.1** 人間の五感と対応するロボットセンシング機能の関係を示せ．

- **8.2** 人間には目が2個あることでどのような視覚情報が得られるのか述べよ．

- **8.3** MOS型イメージセンサとCCD型イメージセンサはどちらも視覚情報を得るための装置であるが，その違いを述べよ．

- **8.4** 人間の耳の模倣としてロボットではマイクロフォンを用いる．マイクロフォンには主に3種類の動作原理がある．その内容を説明せよ．

- **8.5** 人間の鼻を模倣した嗅覚センサとはたとえばどのような仕組みのものか説明せよ．

- **8.6** 人間の舌を模倣した味覚センサとはたとえばどのような仕組みのものか説明せよ．

第9章
応用電気電子計測のための各種センシング技術

　9章では応用電気電子計測において重要な役割を果たす各種センシング技術について概観し，その内容の要点を習得する．さらに，重要なセンシング技術は多々あるが，その中から主要な4技術を取り上げる．
　それらは，自動計測に欠かせないGPIB（汎用インタフェースバス），視覚計測に不可欠な画像計測技術，微小センサ製作に必要なマイクロマシニング（微細加工技術），知能センシングの鍵であるセンサフュージョン（センサの融合化）である．これらを学ぶことによって，次世代の電気電子計測を考える端緒とする．

■ 9章で学ぶ概念・キーワード
- 自動計測とGPIB
- 画像計測技術
- マイクロマシニング（微細加工技術）
- センサフュージョンと多機能センシング

9.1 自動計測とGPIB

近年の電気電子計測に用いられるディジタル測定器にはマイクロプロセッサやメモリが組み込まれており，単純な測定にとどまらず，演算，制御また記憶などの機能が付加されている．さらに，多数の計測器やコンピュータを一連のシステムとして構築することにより，測定された大量のデータの処理や最適な計測状態設定の指示など計測システムの双方向の情報のやり取りが連動して行うことができる状況となっている．そのために，各種計測器間あるいは計測器とコンピュータの間でのディジタル信号によるデータのやり取りがスムーズにできるための共通した標準ルールの**汎用性インタフェースバス**，すなわち，**GPIB** (general purpose interface bus) が用いられる．**インタフェースバス**とはコンピュータと計測器などの間をつなぐ入出力データ伝送方式のことで，それらの機器間の接続の様子を図 9.1 に示す．このインタフェースを内蔵した測定器やコンピュータはGPIBで互いに接続されることで簡単にデータのやり取りが可能となる．なお，GPIBは歴史的経緯から，別名，IEEE488 または HPIB などと呼ばれることもある．

図 9.2 に示すように，ディジタルマルチメータ，プリンタなどの機器には二つの役割，すなわち，**トーカ**という信号を送る役割または**リスナ**という信号を受信する役割のインタフェースが具備されている．また，これらの計測に係わるコンピュータにはトーカとリスナの他に全体を制御する**コントローラ**の役割も含むインタフェースが組み込まれている．各機器がこれらを具備することによって，送信や受信のタイミング，データの送受信，機器の初期設定などができるようになる．ただし，このGPIBを用いた計測システムにコントローラは1台，トーカは同一時刻に1台である．リスナは複数台可能である．

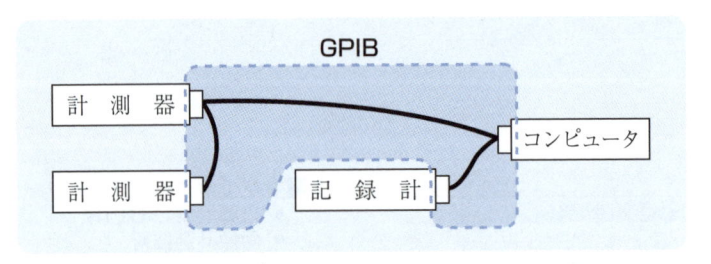

図 9.1 計測器，記録計，コンピュータをつなぐ GPIB の様子

なお，各測定器には GPIB アドレスという識別番号がつけられる．

これらの機器をつなぐ GPIB には**表**9.1 に示すように，3 種類のバス（**信号線**）がある．それらは 8 本からなる**データ入出力バス**，3 本で構成された**転送バス**，5 本の**管理バス**である．8 本のデータ入出力バスは 8 ビットのパラレル通信のやり取りをする．3 本の転送バスは**ハンドシェイク**とも呼ばれ，トーカとリスナ間の送受信の停止や再開を制御する信号線である．すなわち，このハンドシェイクという 3 本の異なる役割の通信線によって確実にデータのやり取りができるように常に通信の状態を確認しているのである．5 本の管理バスはコントローラと機器間でのやり取りに用いられる．データ転送の終了合図，インタフェースの初期化，コントローラへのサービス要求，コマンドとデータの識別，リモート制御とローカル制御の識別などである．

通常，ケーブルの接続には 24 ピンのコネクタを用いるが，上記 16 本の他の 8 ピンはグラウンドとケースシールド用である．

この他，よく使用されている標準バスとしては，パラレル伝送方式の GPIB とは異なる直列（シリアル）伝送方式の **RS232C** という機器接続用バスもあるが，この方式ではパソコンと 1 台の機器の接続での使用となる．

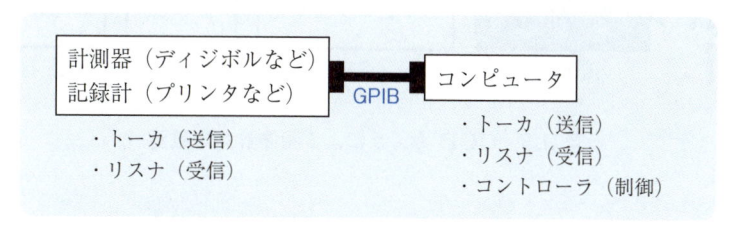

図 9.2　計測器などに組み込まれた GPIB インタフェースの役割

表 9.1　GPIB のバス（信号線）の種類と役割

8本	データ入出力バス
3本	転送（ハンドシェイク）バス
5本	管理バス

9.2 画像計測技術

電気電子計測では測定器によって定量的な結果を表示することを原則としている．しかし，人間にとっては数字で表された結果より画像化された表現の方が即時に判断あるいは認識しやすい場合も多い．それゆえ，電気電子計測において，近年は**画像計測**の分野が大きく広がっている．

画像計測といっても，種々のアプローチがある．よく知られている内容としては，図 9.3 に示すような，CCD カメラで画像情報を得て，その画像をディジタル信号として分析し，得られたディジタル情報を記憶し，様々に展開する方法がある．また，従来から行われていたものとして，図 9.4 に示すような，計測物体に照射したスリット光が計測物体の凹凸に応じて変形する輝線情報を照射光の走査により順次蓄積し，ディジタル情報化して記憶し，その情報を加工して用いる**光切断法**などがある．図 9.3 では単眼での画像情報入手の手段を紹介したが，複眼になると処理の仕方も変わり，得られる情報の内容も異なる．

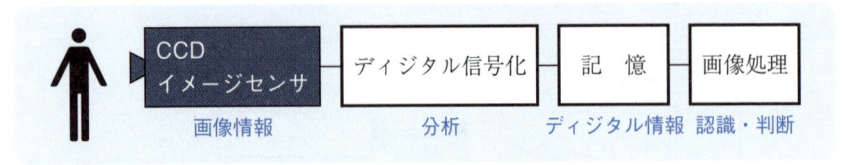

図 9.3 CCD カメラによる画像計測の概要

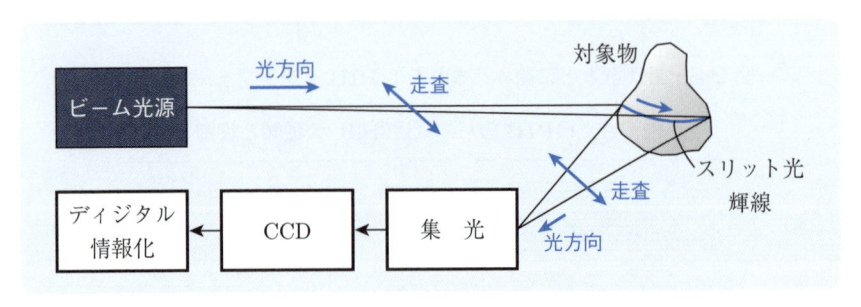

図 9.4 スリット光（光切断法）による画像計測の概要

9.2 画像計測技術

得られた画像情報をディジタル画像に変換して記憶させる手法としては，たとえば，図 9.5 のように，ある時刻 t における平面画像の点 x, y の濃淡度 d を抽出し，この画素にあたる 1 点のディジタル情報 (x, y, d) を得る．それを x 軸，y 軸共に走査して面全体の画像情報を画素の集合体として取得する．さらに，時刻 t と共に変わる画像情報として，最終的にはディジタル情報 (x, y, d, t) の集合体となる．いったん，このディジタル画素情報 (x, y, d, t) の集合体が得られるとコンピュータによって自由に画像処理が可能となる．

処理機能に関しては，たとえば**データの二値化**または**フィルタリング**などの処理手法など，種々の方法あるいはその組合せがある．物体の存在の有無判断などの目的ではデータの二値化で白黒画像を得る方法は有効である．また，フィルタリングを用いると画素間のグラデーション（ぼかし）が可能となる．この画像計測技術の中には今後さらなる発展が期待される **CG**（コンピュータグラフィックス）や **CAD**（コンピュータ支援設計）と関連する部分も多い．

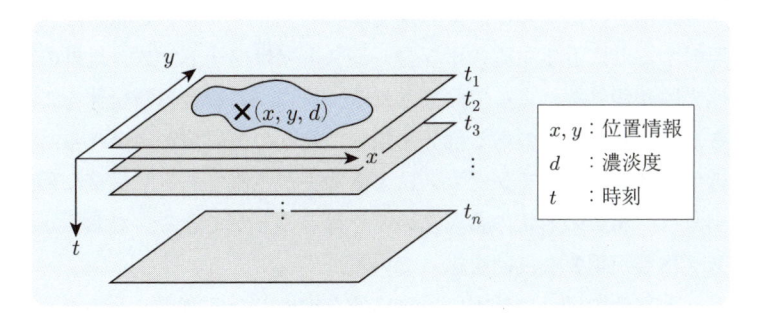

図 9.5 画像情報のディジタル画像への変換

■ 例題 9.1

社会の様々な分野で画像計測が有効な役割をしているが，具体的な例をいくつか挙げよ．

【解答】 医療の分野では，エコー画像で体内の様子を観察する超音波診断や CT すなわちコンピュータトモグラフィは画像計測の代表例といえる．溶鉱炉などでは高温物体の温度分布状態を画像化したサーモグラフィが用いられる．アパレル産業の分野での人体像の計測による立体的な画像情報はよく利用されている．TV の天気予報でよく目にする気象衛星からの日本上空の雲の様子も画像計測といえる．その他，数多くの分野で画像計測が活用されている．

9.3 マイクロマシニング（微細加工技術）

近年，半導体工学における LSI 製作などの**微細加工技術**を応用して超小型の各種センサやセンシングシステムを作製する試みが広く行われている．

当初はマイクロ歯車の製作などから始まった**マイクロマシニング**も，圧力や加速度などの微小メカニカルセンサへと発展し，今やこの技術は多様な分野のマイクロセンサの開発へと拡大している．たとえば，マイクロマシニング技術が一部採用されている超小型カプセル内視鏡の開発により，これまで観察できなかった小腸の内部を撮影できるなど，センサの超小型化にはこれまで困難であった種々の問題の解決への大きな期待が寄せられている．

マイクロセンサ製作にはまず半導体集積回路技術で培われた二次元面の微細化のための**フォトリソグラフィ技術**が用いられる．図 9.6 に示すように，加工したい金属箔表面全体に**フォトレジスト**という感光膜を塗布し，その上に希望の形状の金属箔を作るために，その同じ形状のフォトマスクを載せ，上から紫外線を照射すると，近年主流のポジ型レジストではフォトマスク以外の残りの部分の感光膜が紫外線によって除去される．次に，この金属箔全体を**エッチング**することにより感光膜のある部分を除いて残りの金属箔が除かれる．この場合，最近は液体よりエッチングガスによる除去が主流である．最後に残りの感光膜も剥離し，希望の形状の金属箔のみを得ることができる．なお，正確で精密なマスク作製が重要な役割を担っている．

しかし，センサの場合は基本的に立体的な構成となるゆえ，そのために必要ないくつかの技術も開発されている．その主要な技術の一つは図 9.7 に示すような，シリコン基板の奥行き方向の加工のための**異方性エッチング技術**である．

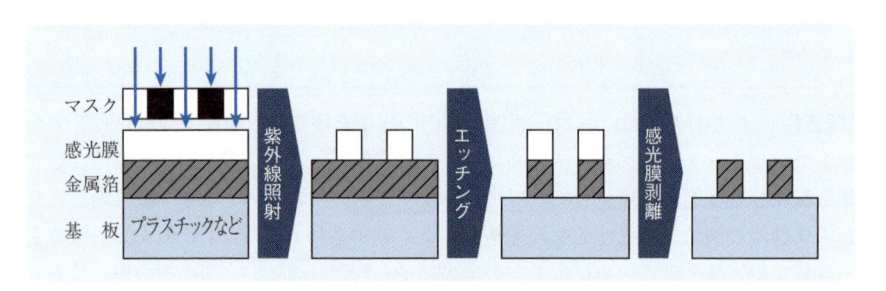

図 9.6　フォトリソグラフィ技術

9.3 マイクロマシニング（微細加工技術）

シリコンを水酸化カリウム KOH などのアルカリ溶液などでエッチングする場合，シリコンの結晶軸方向によってエッチング速度が大きく異なる性質を利用する．図 9.7 にあるように，シリコンの結晶軸 {111} 方向のエッチング速度は {100} 方向の速度の 1 割と遅く，その結果，台形のくぼみが得られる．

さらには，図 9.8 に示すような **LIGA プロセス技術**がある．LIGA とは金属基板に大きな**アスペクト比**（エッチング深さと穴の開口径の比）の電解メッキ金属を作るためのシンクロトロン放射光などを利用した X 線リソグラフィ，電解メッキ，形成を組み合わせた微細加工技術の名称である．金属基盤上に厚いレジスト膜を載せ，高輝度 X 線の得られる**シンクロトロン放射光**などでマスクを介して露光し，高アスペクト比の溝を掘り，そこを電解メッキ金属で埋めた後にレジスト膜を除くという一連の作業で必要な部品を得ることができる．

この他，基板表面に薄膜で三次元構造を作る**表面マイクロマシニング技術**や複数の微細加工した薄膜基板を陽極接合で積層化する**接合技術**など，種々の三次元構造素子製作技術がマイクロセンサ実現のために開発されている．

なお，マイクロマシニングはしばしば，**MEMS**（メムス）（micro electro mechanical systems）と呼ばれることもあり，また，さらに進化した形としての**ナノテクノロジー**（超微細加工技術）と同義に扱われることもある．

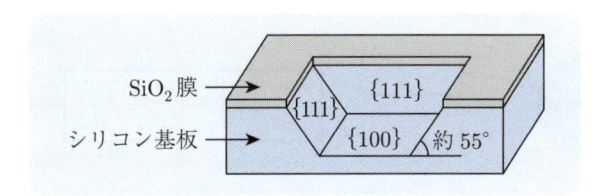

図 9.7 アルカリ溶液による異方性エッチング

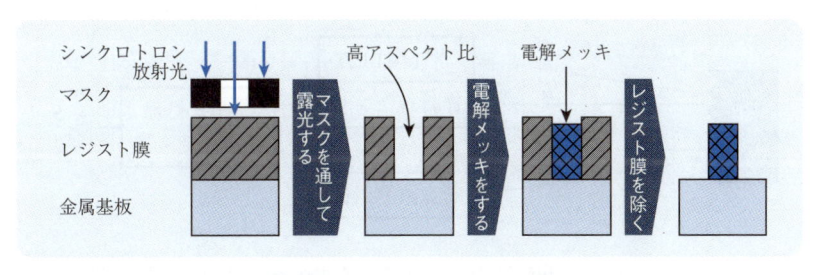

図 9.8 LIGA プロセス技術

9.4 センサフュージョンと多機能センシング

センサフュージョンとはセンサの融合化である．実は人間も五感で得られる外界情報を巧みに融合することによって，単独の情報では得られない高次の統合した情報を取得しているといわれる．ここでは人間の感性を参考にして，図 9.9 に示すように，複数のセンサの組合せによって，個別のセンサでは得られない情報を得るセンサフュージョンという手法について考える．また，従来の単機能のセンサとは異なる，多機能センシングの可能性について考察する．

たとえば，赤外線センサと超音波センサは既に学んだようにそれぞれが単独で十分にセンサの役割を果たしているが，赤外線と超音波のセンサを組み合わせることによって，個別のセンサによっては得られない複合的な情報を得る可能性がある．たとえば，図 9.10 に示すように，ある場所に置かれた物体の表面形状 S とそこまでの距離 d という 2 種類の情報は赤外線センサでの入手情報 X と超音波センサでの情報 Y によって，以下に示すような関係式で表現できる．

$$X = f_1(S, d) \qquad (9.1) \qquad Y = f_2(S, d) \qquad (9.2)$$

ゆえに，上式 (9.1) と (9.2) から，その逆関数の式 (9.3) と (9.4) を得ることによって，最終的に表面形状と距離の 2 情報が赤外線と超音波のセンサによる測

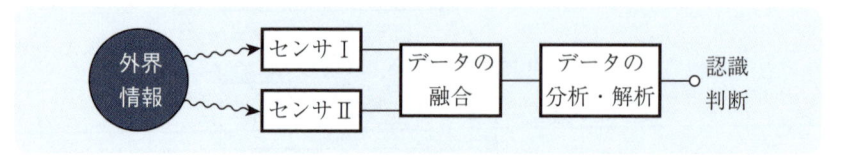

図 9.9　センサフュージョンの概念

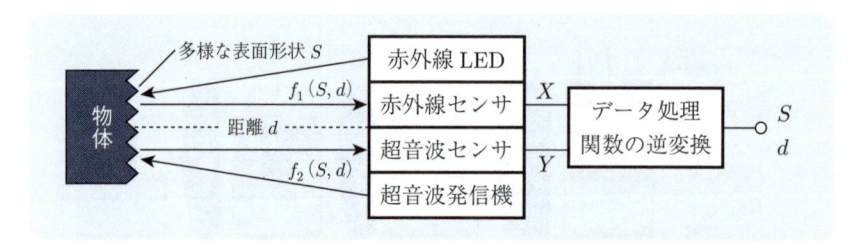

図 9.10　赤外線と超音波のセンサによる物体表面形状と距離の測定

定結果から得られることになる．

$$表面形状\ S = F_1(X, Y) \tag{9.3}$$

$$距離\ d = F_2(X, Y) \tag{9.4}$$

多機能センシングとは1個のセンサで複数の情報を得ることである．1センサ1情報という本来のセンサの概念に反する発想であるが，旧来のセンシング技術に対する新しい試みでもある．

多機能センシングにはいくつかの異なるアプローチがあるが，一例として，自動車助手席に着座しているものが，大人か子供か荷物かを識別する1個の多機能センサを紹介する．そのセンサの構造は図 9.11 に示すように，弾力性のある平板形状の誘電材料の両面に短冊状の薄板電極を貼り，その上に加わる物体の重量 M と誘電率 ε の合体した情報から物体が何であるかを識別するための平行平板コンデンサの変形したものである．水分量の多い人間が着席した場合，臀部がセンサ上面に乗ることによって，通常の荷物が置かれた場合のその部分の誘電率との大きな違いから同じ重量でもセンサの静電容量 C が異なる値を示す．このことによって，着席しているものが人間か荷物かを識別する．同時に，荷重によるセンサの圧縮の度合いによる静電容量 C の変化で重さの程度を知ることができ，厳密な測定には向いていないが，大人か子供かの識別が可能となり，子供の場合に危険な大人用エアバック誤作動の防止に有効といえる．

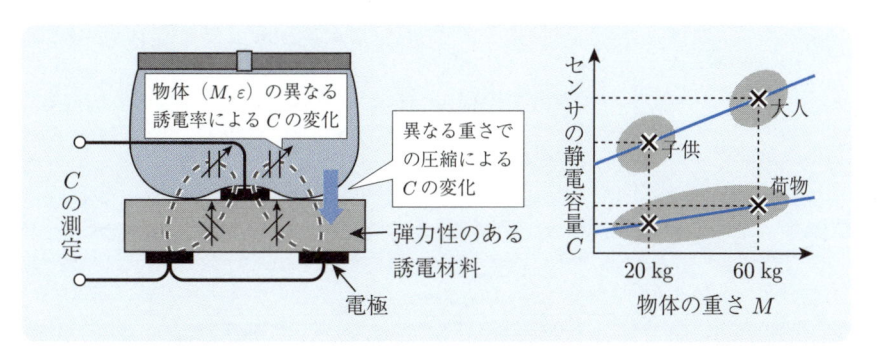

図 9.11 多機能センシングの例：車の助手席の大人，子供，荷物の識別

9章の問題

- **9.1** GPIBとはどのようなものか述べよ．
- **9.2** GPIBのケーブルはどのような構成になっているか説明せよ．
- **9.3** 画像計測の手法について簡単に説明せよ．
- **9.4** マイクロセンサ製作のためにはどのような技術が用いられるか述べよ．
- **9.5** センサの融合化という意味のセンサフュージョンという概念はどのようなことから出てきたのかを述べよ．

第10章
各種産業分野における電気電子計測技術

　各種産業界の製造ラインで活躍する産業用ロボットや製品工程における管理と制御システムを支えるセンシング技術，あるいは自動車に組み込まれた多数のセンサ，さらには近未来の電力送配電システムの主体と予測されるスマートグリッドとその主役のスマートメータなど，国力の生命線である主幹産業とその周辺の動向は常に注視していかなければならない．そして，これらの諸分野の心臓部で重要な働きをしているのが応用電気電子計測である．
　本章では各種産業における応用電気電子計測の係わりを学習し，その具体的な働きを探ってみる．

■ 10章で学ぶ概念・キーワード
- 産業での電気電子計測の係わり
- 製造ラインのセンシング技術
- 産業用ロボット
- 自動車におけるセンサ技術
- スマートグリッドとスマートセンサ

第10章　各種産業分野における電気電子計測技術

10.1　各種産業界の電気電子計測技術分野の種類

自動車，鉄鋼，造船，化学プラントなど，種々の産業界における各種製品の製造ラインに代表される物づくりの現場で電気電子計測は重要な役割を担っている．

それは，たとえば，人間のかわりに器用な動作で製品を製造している**産業用ロボット**の周辺に見られることもあり，製造ライン上でのスムーズで高品質の製品の製造やチェックの過程においても係わっている（10.2, 10.3節）．

また，**自動車産業**に目を向けると，自動車本体には数え切れないほどのセンサが組み込まれており，今や，自動車は機械分野の製品というよりは電気電子分野の製品というイメージが強い．これらの大量の電気電子部品，とりわけ，センシングシステムの導入によって，エコ（経済性と環境対策）を追求しながら，より高性能で同時に安全性も志向した自動車作りが進行している（10.4節）．

一方，**電力産業**を見ると，近年，最も注目されるアイテムは次世代電力ネットワークとみなされている**スマートグリッド**である．そして，その中核をなすものに**スマートメータ**がある．電力エネルギーが長年の電力会社からの一方向性の供給というシステムから双方向性と同時に最適なコントロールシステムを実現することで新しい電力エネルギー供給体制が可能となる．ここに電気電子計測がどのように係わっているのかも注目したい（10.5節）．

このように，産業界がダイナミックに動き，社会全体に活気を与える状況を実現するうえで電気電子計測の役割は大きい．本章では広範な産業界の活動の中から，代表例として図10.1に示すような，製品の製造ライン，産業用ロボット，自動車，さらには新電力システムのスマートグリッドにおける電気電子計測の係わりを探ってみる．

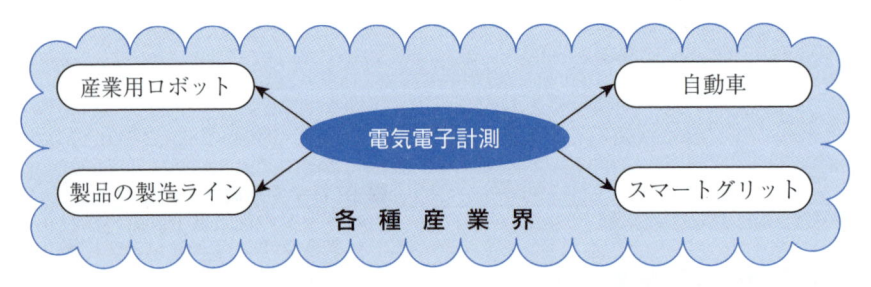

図10.1　種々の産業界に係わる電気電子計測の例

10.2 製造ラインにおける電気電子計測技術

様々な製品の**製造ライン**で最もよく知られた電気電子計測の重要な役割は製品の管理や不良品の検査，また部品の仕分けなどにおいてであり，そこでセンシング機能が最大に発揮される．

光，赤外線，超音波，磁気，マイクロ波やレーザなどをベースにしたセンサによる非接触でのセンシング作業の他にストレインゲージによる荷重センシングあるいは静電容量を利用した近接検知センサなどの多様なセンシング手法が製造ライン上の製品のチェックなどに用いられる．ここでは，いくつかの代表的なセンシング手法を紹介する．

図 10.2 のような光センサを用いた製造ライン上の製品のチェックはよく見かける．この場合は，LED などの発光素子とフォトトランジスタなどの光センサの組合せで用いることが多い．光の透過や反射の異常から状態を識別する．

画像センサでは識別しにくい複雑な作業を行う場合などには図 10.3 に示すような，機械で読み取りやすい二値コードの情報が書き込まれた**識別用タグ**を対象物に貼り付けて作業の内容を識別させる方法もある．これによって対象物に対する作業を手際良く行うことが可能となる．

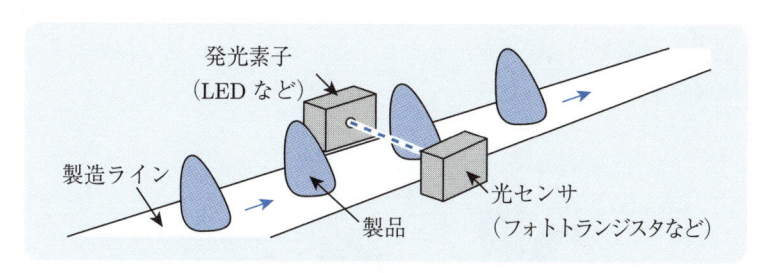

図 10.2 光センサによる製造ライン上の製品チェック

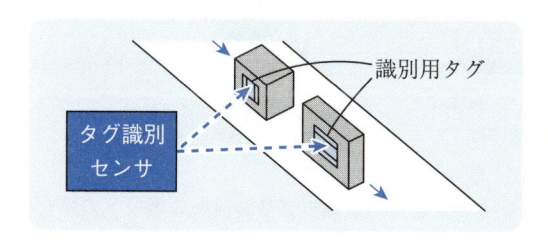

図 10.3 識別用タグによる製造ライン上の対象物のチェック

10.3 産業用ロボットにおける電気電子計測技術

産業用ロボットは，たとえば，組立，溶接，塗装，研磨，洗浄，検査，搬送などの作業を人間の代替として行うために自動車産業をはじめ様々な製品の製造ラインで活躍している．

図 10.4 に典型的な産業用ロボットである 5 軸垂直多関節型ロボットの概略とその関節部内の**サーボモータ**などを示す．各軸の構成は土台の部分から順にウエスト回転，ショルダ回転，エルボ回転，リストピッチ回転，リストロール回転である．この 5 種類の動きの組合せによって必要な作業を実行する．

また，この産業用ロボットとロボットを支援する周辺機器からなるシステム全体の一例を図 10.5 に示す．

このケースでは，最初に作業場所をカメラで監視し，そのカメラで認識された対象物体の画像のディジタル情報がコンピュータに送られる．事前にコンピュータにインストールされているプログラムに従い，必要な指令がロボット制御システムに送られ，その信号に従って産業用ロボットの 5 軸の動きが制御され，目的を実行するための動作となる．

この一連の動きの中で，電気電子計測は重要な役割を果たしている．

最初に物体識別のための画像計測である．カメラで捉えた映像の特徴抽出を行い，必要な情報をディジタル信号としてコンピュータに送る作業である．これは動作中連続的に行われる．

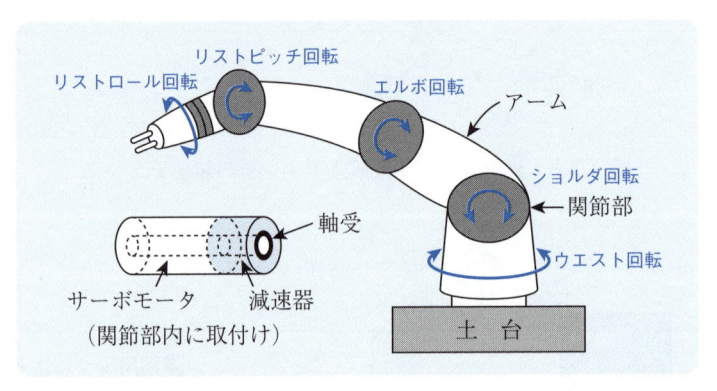

図 10.4　産業用ロボットの仕組み（5 軸垂直多関節型ロボットの場合）

10.3 産業用ロボットにおける電気電子計測技術

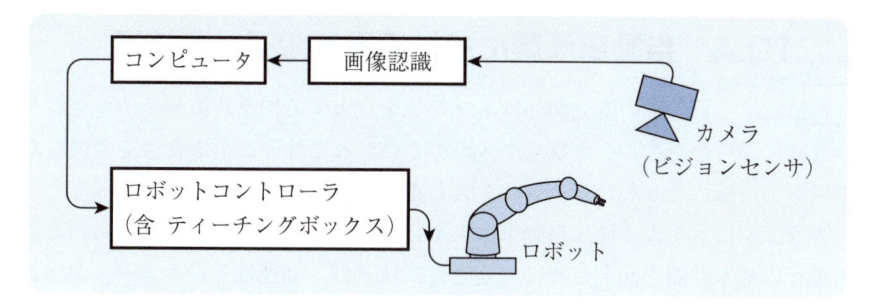

図 10.5 産業用ロボットとその周辺システムによる一連の作業例

また，産業用ロボットのアームの適切な動きを検出して，正しい動作が行われるように絶えず各軸の回転や上下左右への動きを測定して監視する．

そのことによって，関節部に組み込まれた制御用サーボモータの駆動を支える．このために位置検出用の精密なエンコーダが重要な役割を担っている．

産業用ロボットは**コンピュータ数値制御（NCN）**で動作する精密機械加工装置とは異なり，**数値制御（NC）** は用いられない場合が多い．すなわち，産業用ロボットは事前に定められた数値による杓子定規の動きをするのではなく多少曖昧な動きをする中でティーチングによるプログラムによって最適な状況に収斂する自律的な動作が可能な存在といえる．このときに有効な位置，角度，圧力などの情報がエンコーダやストレインゲージなどの各種センサから供給される．

なお，将来的には産業用ロボットにも2本の腕と目や耳を備えた頭部の組合せによる**人型ロボット**が普及していくことが予想される．

■ 例題 10.1 ■

近年，製造ラインで広く用いられている産業用ロボットにおける電気電子計測の役割について述べよ．

【解答】　第一に作業対象となる物体の識別のための画像計測である．カメラで捉えた映像の特徴抽出を行い，必要な情報をディジタル信号としてコンピュータに送る作業である．第二にロボットのアームの適切な動きを検出し，正しい動作が行われるように絶えず各軸の回転や上下左右への動きを測定して監視する．そのことによって，関節部に組み込まれた制御用サーボモータの駆動を支える．このために精密な位置検出用エンコーダが重要な役割を担っている．

10.4　自動車産業における電気電子計測技術

　本節では，自動車の電気関係はエンジンを点火する始動装置とライト点灯という時代から今やエレクトロニクスの塊といわれる昨今に至る大きく変貌した電気電子技術，とりわけ，センサを含む電気電子計測の役割を探ってみる．

　表10.1に示すように，自動車は人や物の運搬という主たる目的に係わる動力走行の基本性能の向上と共に，安全性，快適性，利便性というニーズが加わり，さらに最近はエコという言葉で表される経済性と環境問題の対応が不可欠な状況となっている．これらの要求に対応するため，非常に重要な役割を演じているのがセンサを含む電気電子計測技術である．

　自動車には実に多様なセンサが組み込まれている．大別すると，動力部分に係わるセンサ群と走行の機能や快適さに係わるセンサ群になる．

　まず，自動車の根幹をなす動力源でいえば，図10.6に一例を示すようなエンジンの空気と燃料の比率を最適に制御するための**スロットルセンサ**，**酸素センサ**，**水温センサ**，**圧力センサ**などがある．空燃比（くうねんひ）制御の最適化が自動車の動力走行性能のみならず，安全性，快適性，経済性，環境問題などに関係する．

表10.1　自動車に課せられている課題

- 動力走行の基本性能の向上
- 安全性の向上　● 快適性の向上
- 利便性の向上　● エコ重視（経済性，環境問題）

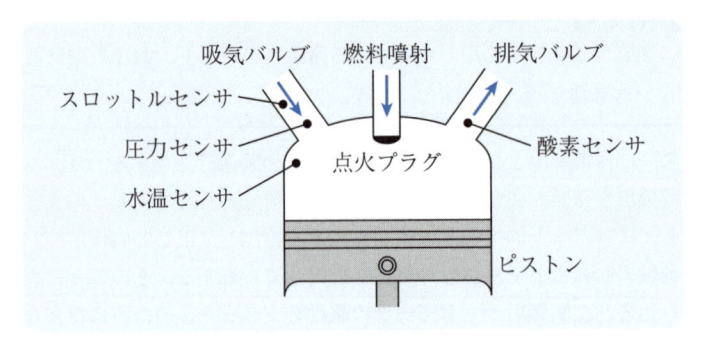

図10.6　自動車のエンジン部分のセンサ配置の一例

10.4 自動車産業における電気電子計測技術

一方，自動車の安全な走行や快適性に関係するセンサは多様で常に進化している．スピードメータやタコメータ，温度センサ，燃料計，加速度センサを応用したエアバック用の衝突衝撃センサ，ナビゲーションシステムなど通常の自動車にも採用されている．

図 10.7 に示すようなレーザレーダあるいは CCD カメラでの車間距離検出による前車衝突防止機能や前方障害物認識による自動ブレーキ機能は既に開発されている．路上に磁気ネイルを一定間隔で埋め込み，車体前下部の磁気センサにより磁気ネイルの検知による隣接車線衝突防止や自動走行も実現可能である．また，超音波センサ，画像センサ，赤外線センサによる**障害物検知機能**はドライバーの安全な運転をアシストする．

将来的には自動車の進化と共に，**高度道路交通システム（ITS）**に代表される道路網のスマート化が自動車の自動走行のみならず，無事故，渋滞，さらには歩行者と車の最適な調和を可能にするであろう．そのために多機能化した**ナビゲーションシステム**による双方向通信の蓄積で得られるホットでピンポイントの情報による道路交通の最適化や諸問題の解決を目指す必要がある．

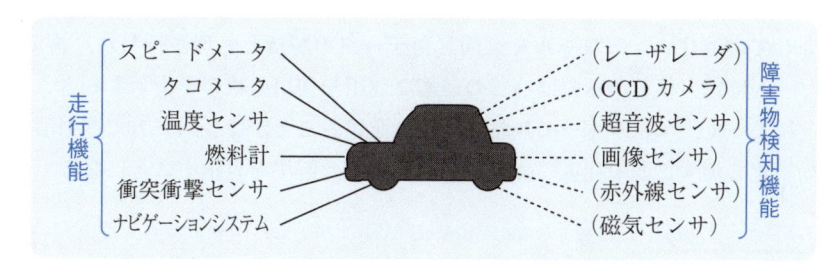

図 10.7 自動車の運転をサポートする各種センサ例

■ **例題 10.2** ■
自動車のバックでの車庫入れにはどのようなセンサが有効か考えてみよう．

【解答】 現在は超音波センサが主流であるが，原理的には赤外線センサや画像認識センサあるいは自宅の車庫であればタグをつけて認識する光センサ，磁気センサなども可能である．

10.5 電力システムにおける電気電子計測技術

長年，電力会社による発電から送電，配電の一連の仕組みにより，エンドユーザの工場や会社，家庭への電力ラインの一元的な流れがしっかりと確立されていた．しかし，近年，この電力供給システムに新しい風が吹き始めている．スマートグリッドである．

ここでは，スマートグリッドについて考察すると共に，その中核をなすスマートメータについて学習する．

スマートグリッドは一言でいえば，供給側と需要側の双方向性を持つ電力と情報のリンクした新しい産業生活システムである．すなわち，図 10.8 に示すように，電力と情報の**双方向ネットワーク**を介して，従来の集中型大規模発電（火力，水力，原子力など）や送配電システム，太陽光発電などの分散型発電あるいは蓄電などの電力供給側と工場，企業，住宅などの電力を消費する側とが互いにリンクして最適な電力授受の状態を形成する．ここで，電気電子計測の役割は各パートにおけるリアルタイムでの電力の供給と消費の状態を計測することである．その結果，得られた膨大な計測データは双方向情報ネットワークを介して最適化コントロールを意図したデータの解析と処理が行われ，再度，各パートに電力供給あるいは消費の最適な運用や使用の状態を指示する．このことによって，エネルギーの無駄な供給を避けることができ，一方で電力消費の効率化を促すことで究極の経済性と環境問題の解決を目指すことになる．

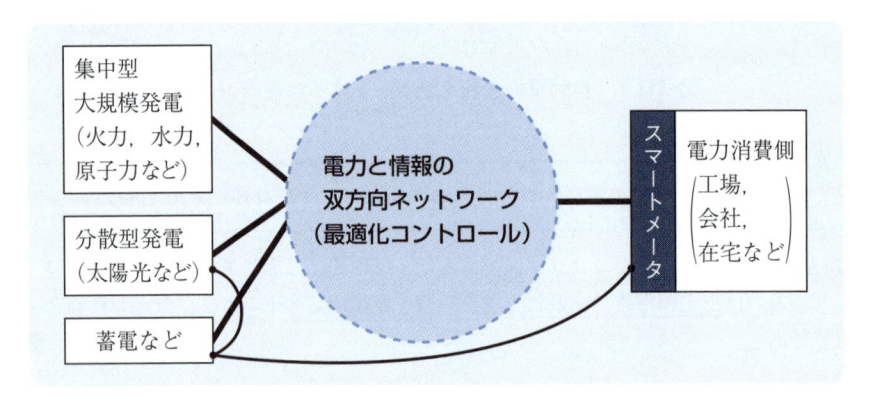

図 10.8 スマートグリッドの概念

10.5 電力システムにおける電気電子計測技術

このスマートグリッド構想の双方向性を実現するために必要不可欠なものに，家庭などで従来から使用されている積算電力量計のスマート化がある．そのために従来からの誘導型積算電力量計や近年導入されつつある電子式電力量計にかわる新しい概念の電力量計としてのスマートメータが提案されている．

スマートメータは図 10.9 に示すように電子式電力量計に通信機能を備え，電力会社と使用者の間でリアルタイムでの電力使用量などのデータのやり取りを可能とし，さらには最適な電力制御につなげられる機能を有することも期待されている．なお，電子式電力量計自体は演算増幅器などを用いて配電ラインの電圧と電流を測定し，電圧と電流から乗算回路により瞬時電力を求め，さらに，積分回路で時間積分することにより電力量を得る仕組みになっている．測定したアナログ量を A/D 変換回路でディジタル信号に変換して演算処理をする場合が多い．スマートメータでは電力量のみならず，時間やその他の情報もディジタル信号化されるゆえ，通信機能を用いた外部との情報のやり取りも機能的に行える．また，スマートメータは電力消費の「見える化」にも貢献する．

スマートグリッドが目指している送配電網の自動化と電力授受の最適化にスマートメータが必要不可欠である．

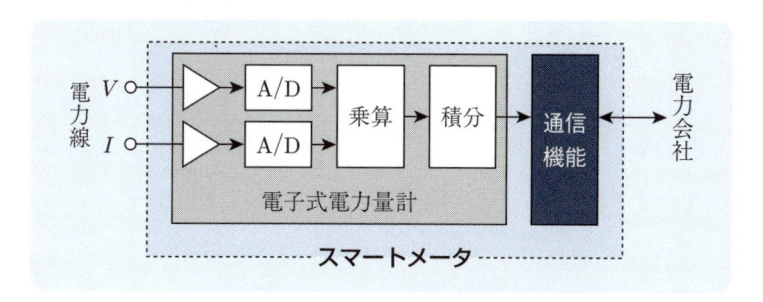

図 10.9　スマートメータの仕組み

● **エジソンの直流送配電の時代再来？** ●

太陽光発電は直流ゆえ，将来のクリーンエネルギーによるスマートハウス構想では多くの家庭内の電気機器の直流駆動にあわせて発電からエンドユーザまで全て直流という状況になるかもしれない．百年以上前に直流電力を強力に提案し，交流電力に敗れたエジソンがこれを知ったらどんなに喜ぶことか．

10章の問題

☐ **10.1** 製造ラインにおいてセンサはどのような役割をしているか．具体的な例を挙げて説明せよ．

☐ **10.2** 産業用ロボットとコンピュータ数値制御精密機械加工装置の違いについて述べよ．

☐ **10.3** 自動車に実際に使われているセンサをいくつか挙げて説明せよ．

☐ **10.4** 電力産業において近い将来実施されるであろうスマートグリッドの中心的な役割をするスマートメータと従来から使われてきた誘導型積算電力量計あるいは電子式電力量計との違いを述べよ．

第11章
医療分野における電気電子計測技術

近年の医療分野におけるエレクトロニクスの係わりは非常に深く，今や電気電子工学の支えなくして近代医療は成り立たないほどになっている．そのような状況の中で，本章では様々な医療分野において電気電子計測技術がどのような役割をなしているのかを探る．

■11章で学ぶ概念・キーワード
- 血圧計
- 心電計
- 脳波計
- X線CT（X線断層撮影技術）
- MRI（磁気共鳴断層撮影技術）
- 内視鏡
- AED（自動体外式除細動器）

第 11 章 医療分野における電気電子計測技術

11.1 医療分野の電気電子計測技術の動向

体温計，血圧計，心電計，脳波計，レントゲン，超音波診断（エコー），内視鏡，X線CT，MRIなど身のまわりには多様な医療に係わる測定機器がある．

歴史的に見ると，医療用計器としては1866年の水銀体温計に始まり1895年のX線の発見など医療に大きく貢献する発明・発見があったが，1970年前後に出現したコンピュータによる**トモグラフィ技術**，すなわちCTと呼ばれるコンピュータを駆使した**断層撮影法**は現代の医療に大きな影響を与えている．

医療のプロセスを見ると，図11.1に示すように，まず様々な人体の状況の検査があり，それに基づく診断があり，その結果としての治療があり，最後にケアがある．電気電子計測技術は検査や診断の部分で種々のセンサを介して大きな役割を果たしており，治療やケアの部分でもたとえば手術用レーザメス，医療用ロボット，放射線治療，ペースメーカーなどの医療機器において電気電子計測技術は重要な位置にある．

医療分野における電気電子計測の特異な点は，第一に，人体に痛みを与えたり，人体を傷つけたりすることを極力避けること．第二に，多面的な計測情報や画像情報の採用が必要なこと．それは，人体からの測定情報がしばしば複合的な内容であること，あるいは人体には個人差が大きいことによる．

本章では多様な医療分野における電気電子計測技術の中から代表的ないくつかの具体的な内容を取り上げて学習する．11.2節では血圧計，11.3節では心電計と脳波計，11.4節ではX線CTとMRI，11.5節では内視鏡，11.6節では**AED**（自動体外式除細動器）について，各測定装置の仕組みを調べる．なお，体温計は6.4節のコラムで，エコー（超音波医療診断）は5.3節で説明している．

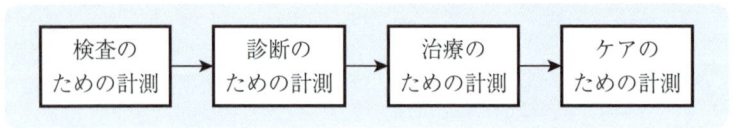

検査のための計測 → 診断のための計測 → 治療のための計測 → ケアのための計測

図 11.1 医療分野のプロセスごとの電気電子計測技術の係わり

11.2 血圧計

19世紀末に提案された上腕に巻く圧迫帯（マンシェット）の圧力をかけるカフという部分による血圧の状態を水銀圧力計によって測る方法が長年病院などで用いられてきた．しかし，高血圧が様々な病気の要因となることが知られるようになり，近年では家庭でも簡単に血圧が測定できる**電子式自動血圧計**が広く取り入れられるようになった．

血管を圧迫した後，徐々に圧を解除していくと聴診器で**コロトコフ音**という動脈音が聴こえ始める．**最高（収縮期）血圧**といわれる血圧時である．圧力がさらに弱まっていくと音が聴こえなくなる．この時点の圧力が**最低（拡張期）血圧**である．通常，この2種類の血圧値が測定される．自動化した血圧計ではコロトコフ音を聴くかわりに図 11.2 に一例を示すような圧迫解除時の動脈の拍動で生じる振動の振幅を圧力センサで測定し，取得データを内蔵のマイクロコンピュータで処理して血圧を求める．図 11.3 に電子式血圧計の測定原理を示す．

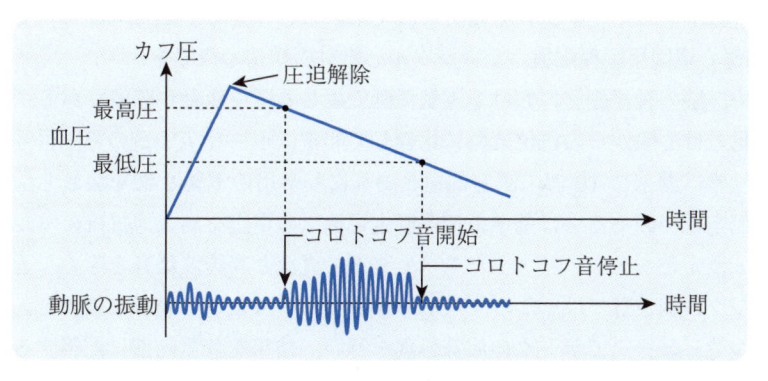

図 11.2 圧迫解除時の血管の拍動で生じる振動の振幅変化例

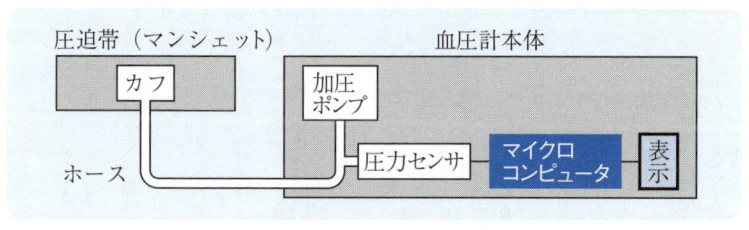

図 11.3 電子式自動血圧計の測定原理

11.3 心電計と脳波計

体内から発する電気信号として，長年，人体の健康状態の検査に用いられてきた重要な情報の双璧が心電図と脳波である．ここでは心電計と脳波計の仕組みについて調べてみる．

左右の心房，左右の心室で構成される心臓から全身に血液を送る際に心臓周辺で生じる周期的な活動電流を観測した信号波形が**心電図**である．図 11.4 に心臓の構成と典型的な心電図の例を示す．図に示す P 波は心房の興奮，QRS 波は心室の興奮，T 波は心室の収縮によって発生する．ここでは心房の収縮による波形は QRS 波に隠れている．**心電波形の形状は電極位置で異なる**．

心臓から遠い左右の手首足首につけた電極の電位を基準として胸の定まった位置に設置した 6 個の電極電位で得られる電圧信号の時間変化を数分で観測できる 12 誘導心電図が一般的であるが，不整脈などの検査には連続測定用ホルター心電図が用いられる．近年は mV 台の微小心電信号を A/D 変換して処理，記憶，表示する**ディジタル心電計**が広く用いられている．図 11.5 に一般的な 12 誘導心電図用電極配置とディジタル心電計の構造の概略を示す．

一方，脳の神経細胞における電気活動で生じる電位変動が脳波である．この電気信号は心臓からの電位変動に比較して非常に小さな μV 台の電圧信号である．通常は頭部に 19 個の測定電極と両耳に基準用の電極 2 個を装着し，隣同士の測定電極間あるいは基準電極と測定電極間の電圧を高入力抵抗のマルチ増幅器で測定し，さらにバンドパスフィルタで直流と高周波雑音を除く．近年の**ディジタル脳波計**では，この後，A/D 変換してディジタル情報に変換し，マイクロコンピュータでデータの演算処理を行い，結果を装置内部に記憶すると共に，測定器のモニターパネルに測定結果を表示する．また，必要に応じて測定結果をプリントする．図 11.6 に一連の脳波測定の流れを示す．

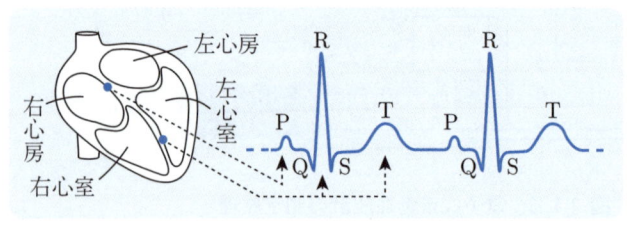

図 11.4 心臓構成と典型的な心電波形

11.3 心電計と脳波計

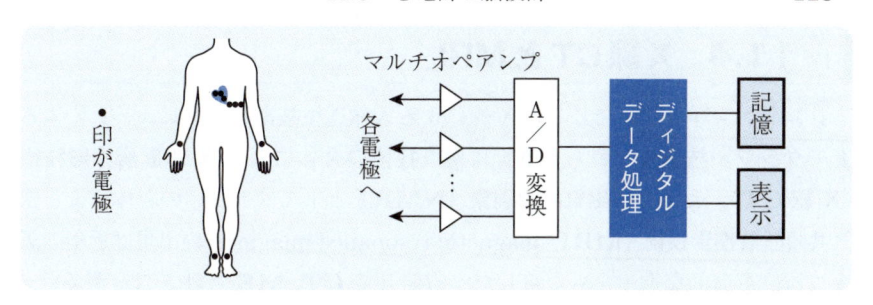

図 11.5 12 誘導心電図用電極配置とディジタル心電計の構造の概略

　測定された頭部の各部位における脳波の波形から，てんかんあるいは睡眠脳波などを含む脳細胞活動の兆候を読み取ることなどの自動化への研究は進められているが，通常，脳波の解析は医者などの所見に委ねられる．

　ここでの電気電子計測の役割はいかに 100 Hz 程度以下の多様な組合せの微小脳波信号を確実に取得し得るかである．頭皮面での電極接触時の抵抗を導電性ペーストを用いて $10\,\mathrm{k\Omega}$ 以下程度に小さくすることやフィルタなどを利用して外部極力雑音の混入を除く工夫がなされている．近年はさらに多くの電極装着で得られる大量の情報による脳活動の二次元マッピングも試みられている．

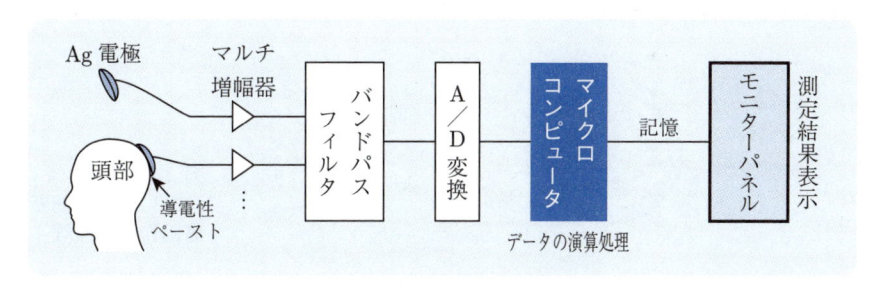

図 11.6 脳波測定の原理

■ 例題 11.1 ■
心電計で心電波形測定の際に電圧基準はどのようにして設定するかを述べよ．

【解答】　様々な方法がある．右足を基準にする方法，両手と左足の 3 ヵ所をそれぞれ $5\,\mathrm{k\Omega}$ を介して接続し，不関電極と称して基準とする方法などが知られている．

11.4　X線CTとMRI

　レントゲン写真でおなじみのX線による人体透視技術とコンピュータによるトモグラフィ技術すなわち逆解析再構成技術の合体による **X線断層撮影技術**（**X線CT**），および**核磁気共鳴現象**（**NMR**）とトモグラフィの合体による**磁気共鳴断層撮影技術**（**MRI**, magnetic resonance imaging）の出現は近年の医療技術に革命的な進歩をもたらした．省略して**CT**, **MR**と呼ぶことが多い．

　トモグラフィ技術とは図11.7に示すように，ある物体の断面の外周辺からX線や磁力線のビームを放射して対面で得られる測定データを送受信外周位置を周回させながら大量に蓄積する．このとき，内部断面を大量の点の集合体とみなし，それぞれの点が持っている未知情報の集合体が外部で求めた計測結果であると仮定して大量の連立方程式を立て，コンピュータでその方程式を解く．その結果，各点の最確値が推定され，それを白黒濃淡に変換して集合体全体を表現すると内部断層白黒濃淡画像が得られる．すなわち，CT技術とは内部の個々の状態を実測することなしに周辺の測定で内部の様子を推定する技術である．

　最近では，図11.8に示すガントリーのX線源と多重検出器の回転とベッドの移動による**ヘリカルスキャンCT技術**あるいは数十から数百列にもなる最新の**面検出器CT技術**によって，体の部位の三次元的な計測情報が取得できる．

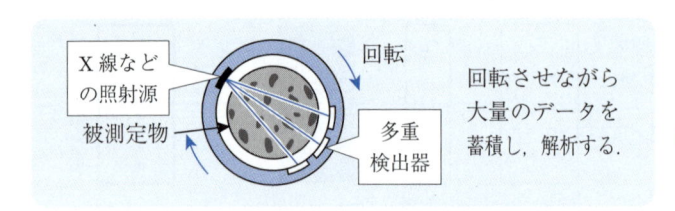

図11.7　CTによる内部断層面作成の原理

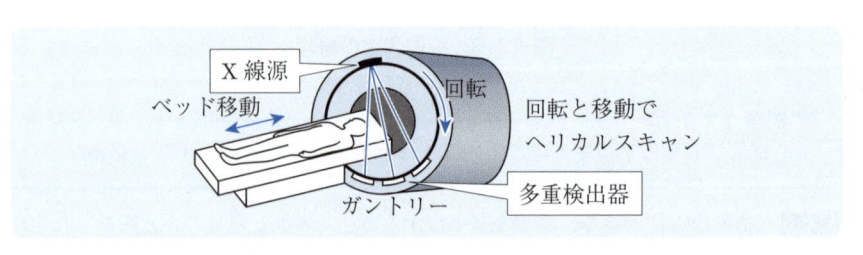

図11.8　X線CTでのヘリカルスキャンによるデータ取得

11.4 X線CTとMRI

　短時間の測定が望ましいX線に対して，比較的長時間の磁場照射も可能なことがMRIにとって大きなアドバンテージであり，装置が高額にも係わらず，最近はMRI装置が急激に広まっている．X線CTが生体組織のX線透過の程度による情報収集手法に対して，MRIは人体の組織中の水分を構成する水素原子で生じる核磁気共鳴を利用して人体内部の様子を知る手法である．

　人体中の水素の原子核であるプロトンは歳差運動，すなわち，コマのように自転しながら揺れた状態にある．その動きはバラバラであるが，MRI装置の1から2テスラの強い静磁場中に置くとこのプロトンが一様に磁場と平行な状態で歳差運動を続ける．さらに，この状態で静磁場と垂直方向にパルス状のラジオ波（RF）磁場を印加するとプロトンは励起し，位相も揃ってRF磁場方向に一斉に向きを変え，この方向の横磁化が生じる．しかし，直ぐにRF磁場が消え，その途端にプロトンはもとの静磁場時の状態に変わり，横磁化も減衰する．

　この横磁化の変化の様子（微弱電波発生）を印加時に用いたRFコイルを検出コイルとして用い，プロトンの横方向の情報として検出する．横磁化の大きさはその測定ポイントのプロトンの密度に比例する．実際に，MRIでは人体の位置を移動させながら，RFパルス磁場の印加と横磁化の検出を繰り返して大量のデータを採取する．そのデータのコンピュータによる処理によって組織の再構成を行い，人体の内部状態の情報を得ることができる．

　MRIは初期にはNMRCTと称していたのは，一連の測定プロセスの最後のデータによる再構成処理の部分はX線CTに類似していることによる．

　図11.9に上記のMRIによる一連の測定プロセスの概略を示す．

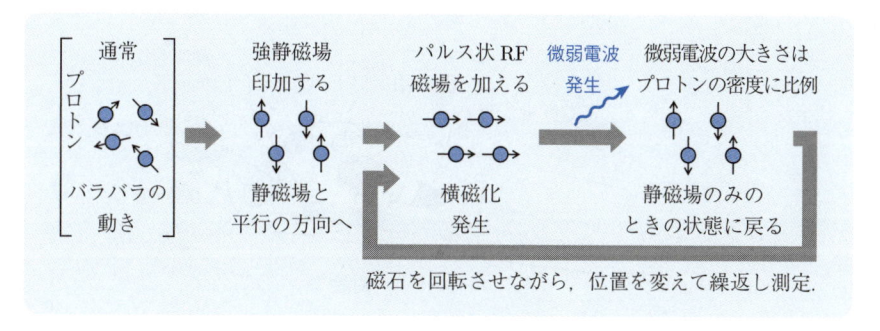

図11.9　MRIによる一連の測定プロセスの概略

11.5 内視鏡

内視鏡は1950年代にわが国で開発され，世界中に広まった医療機器で，当時は胃カメラと呼ばれていた．しかし，近年は進化が著しく，胃や大腸などの検査のみならず，様々な体内の部位を医者が直接的に観察できる．その点がCTやMRIと異なる大きな魅力で，また，簡単な治療や手術も可能である．

ここでは，近年の内視鏡の仕組みや取扱いについて解説し，内視鏡における電気電子計測の係わりを探ってみる．

近年の内視鏡システムは図11.10に示すように，主に体内を観察し，組織採取することも可能な先端部，先端部を操作するための操作部，先端部を体内に導くために光ファイバなどによって先端部と操作部をつなぐ挿入部，先端部の映像を観るモニタ部，先端部近傍の照明などに必要な電源部から構成される．

図11.11に示すように，内視鏡の先端部表面には内部の様子を撮影するレンズ（その奥には最近ではCCDセンサ装着），挿入部の光ファイバを介して電源部からの光で内部を照らすための2個のライトガイド，組織採取などの鉗子口，洗浄水などの供給用ノズルがある．CCDセンサで計測された臓器内部表面などの画像情報はモニタ部に送られ，瞬時に体内状態の観察や記録が可能である．

図11.10 内視鏡システムの構成

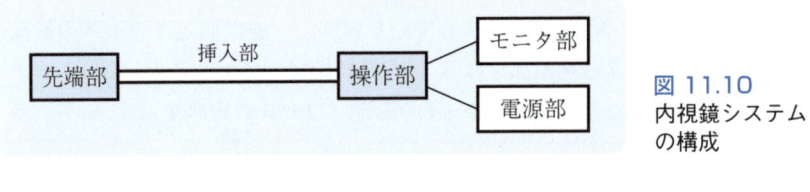

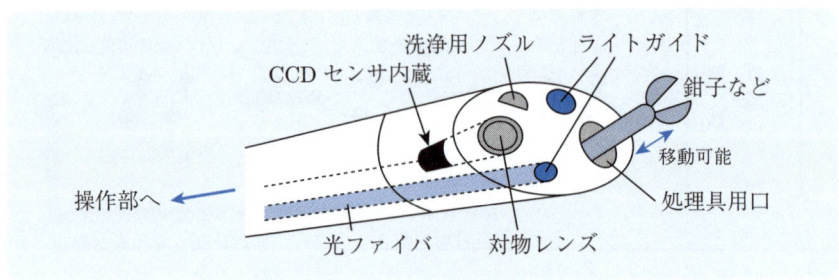

図11.11 内視鏡先端部の仕組み

11.6　AED（自動体外式除細動器）

多くの交通機関や公共施設などに設置されている **AED**（automated external defibrillator, **自動体外式除細動器**）は突然の心臓発作などを発症した人の救命に係わる装置である．ここでは AED の仕組みと測定原理を学ぶ．

一般には心臓発作を起こすということが多いが専門的には**心室細動**の状態，すなわち，心臓の心室部分で通常の一定周期の収縮，興奮が行われず，小刻みな振動の状態となった場合に，この心室細動を止める目的で大電流を一時的に流し，いわゆる**電気ショック**を起こす装置が AED である．それゆえ図 11.12 に示すように，AED に内蔵されているものは 2 個の電極パットを体表の正しい位置に貼り付けたときにその電極を介して得られる心電図を解析し，内容を判断して音声により指示を与える部分および電気ショック用のスイッチを押すことで流れる除細動用のパルス状大電流発生回路の部分に大別される．

AED は瞬時であるが，数十 A の大電流が発生する装置ゆえ，電極パット装着後，除細動ボタンを押す前に対象者から離れる．

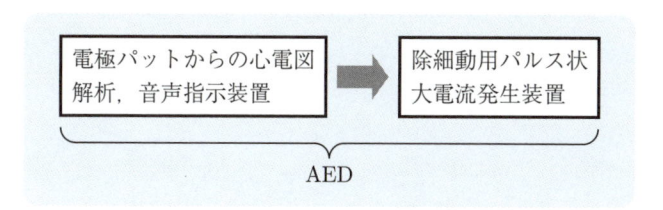

図 11.12　AED の仕組み

● 動転 or 冷静．AED を使うには勇気がいる!?　●

現実に対象者に直面したら，勇気を持って AED の電源を入れよう．付属の 2 個の電極パットを右腕側胸部上と左腕側脇腹にしっかりと貼り付ける．その後，電気ショックは必要かどうかを AED 自体がチェックするので，その結果の音声指示に従って必要な場合は点滅する除細動ボタンを押す．これで OK．除細動が始まる．同時に胸骨圧迫（心臓マッサージ）も不可欠で，AED の除細動時以外は救急車が来るまで 100 回/分の速度で続けよう！　救命のために．

118　第 11 章　医療分野における電気電子計測技術

11 章の問題

☐ **11.1** 家庭などでも身近に使われている血圧計にはどのようなセンサが用いられているか述べよ．

☐ **11.2** 心電図や脳波を測定するときに重要な注意すべきことについて述べよ．

☐ **11.3** X 線断層撮影技術（X 線 CT）の測定原理を簡単に説明せよ．

☐ **11.4** 磁気共鳴断層撮影技術（MRI）では水素原子核プロトンでの核磁気共鳴（NMR）が重要な働きをしている．NMR が MRI にどのような係わりをしているのかを簡単に説明せよ．

☐ **11.5** 内視鏡では胃の内部の様子などをどのようにして測定できるのか説明せよ．

☐ **11.6** AED とは何か．その仕組みを簡単に説明せよ．

第12章
環境・健康・介護福祉分野における電気電子計測技術

本章では大気汚染や放射線で気になる環境問題，最近はメタボという言葉をよく耳にする健康問題，高齢化社会到来でますます需要が高まる介護福祉問題と電気電子計測技術との係わりを調べてみる．

それぞれの分野で注目すべき機器や装置を紹介し，その仕組を解説すると共に電気電子計測の役割を確かめる．

■ 12章で学ぶ概念・キーワード
- GM計数管
- シンチレーションカウンタ
- ヘルスメータ
- 歩数計
- 口腔内ケアシステム
- 自動体位変換機能付きエアマットレス

第12章　環境・健康・介護福祉分野における電気電子計測技術

12.1　環境・健康・介護福祉分野における電気電子計測

本章では私たちに身近で，近年は大きな社会問題となっている環境・健康・介護福祉分野の様々な機器，装置を取り上げ，その中での電気電子計測の係わりを見ていきたい．

図12.1に環境・健康・介護福祉と電気電子計測技術の係わりを示す．

環境でいえば，大気汚染と放射線の問題が今日では最も高い関心事といえる．ここでは，大気汚染に関しては大気汚染物質の分析に欠かせない**微粒子測定装置**を調べる．また，放射線関係では，まず放射線関係の語句の説明と様々な**放射線センサ**の仕組みについて解説する．特に，一般に普及している**ガイガーカウンタ**と呼ばれている**GM計数管**と**シンチレーションカウンタ**を詳しく説明する．

健康に関しては健康寿命を縮める3大要素である，メタボリック症候群，認知症，ロコモティブシンドロームが話題になる近年では**ヘルスメータ**と**歩数計**は欠かせないものとなっている．ここでは多機能化しているヘルスメータと歩数計の仕組みについて調べてみる．

介護福祉関係もまたわが国の高齢化に伴い，今後ますます需要の増加する分野といえる．介護福祉分野全体は食事，就寝関係，入浴，トイレ関係，歩行補助，住宅全般に分類することができるが，それぞれの分野ごとに注目する機器を取り上げてみる．また，その中から特に注目すべき装置に電気電子計測技術がどのような形で係わっているかを見てみる．

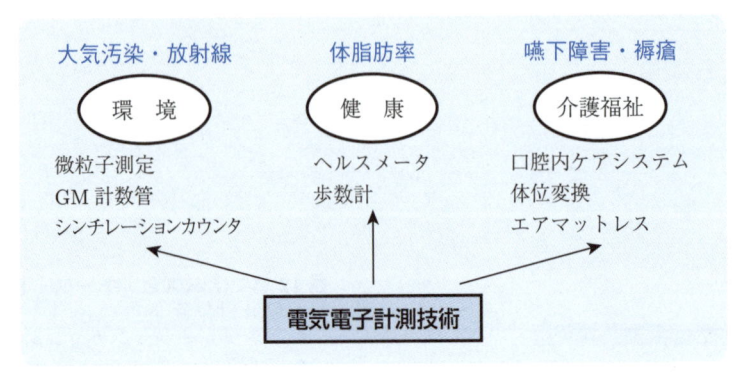

図12.1　環境・健康・介護福祉分野に係わる電気電子計測技術

12.2　環境問題に係わる電気電子計測の役割

　地球温暖化に係わるエネルギーによる二酸化炭素削減の問題や 3.11 の福島原発による放射線問題あるいは PM2.5 などの大気汚染物質の問題など地球環境あるいは生活環境の劣化は今日の社会問題となっている．このような状況の中で電気電子計測はどのような係わりを持っているのか探ってみる．

　ここでは特に大気汚染物質の問題に関係する**微粒子物質（エアロゾル）測定**の仕組みと放射線問題に関係する様々な測定法について調べてみる．

　主な微粒子測定手法には粒子の力学的慣性力を測定する方法，電気移動度を測定する方法，光散乱強度を測定する方法などがあるが，ここではよく用いられている**光散乱式粒子計数器**（パーティクルカウンタ）について述べる．

　光散乱式粒子計数器の概略を**図 12.2** に示す．エアロゾルを含んだ大気は上部試料導入部より挿入路径が絞られた中を通って下部の試料吸引部へ送られる．その挿入路径が絞られたスポットのエアロゾルを含んだ大気に横面の光源からレンズで集光された入射光が照射される．エアロゾルを含んだ大気流の幅は入射光の幅より小さいことが望ましい．入射光が大気の流れに当たるときにエアロゾルの粒径と粒量に応じて発生する個々の粒子によるパルス状散乱光を集光レンズを介して光検出器で測定する．粒子数はパルス数により，粒径は散乱光強度により求めることができる．光源からの光と光検出器の角度は例えば 90 度のように定めておく．照射光としてはレーザ光やハロゲンランプのような白色光が用いられる．レーザ光を用いる装置では検出可能な最小径が $0.1\,\mu m$，白色光の場合は $0.3\,\mu m$ 程度といわれている．

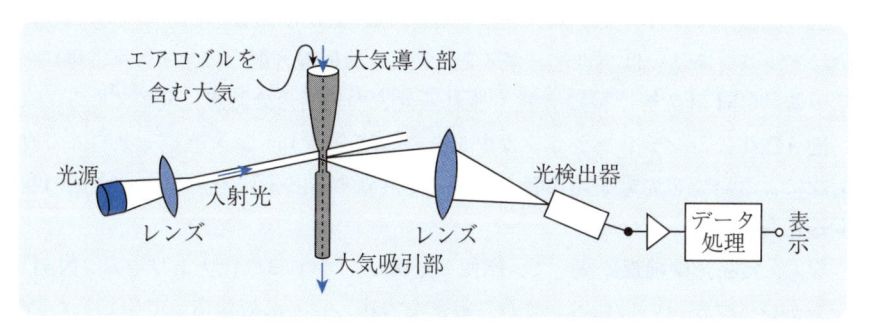

図 12.2　光散乱式粒子計数器の仕組み

放射線に関しては，最初に**放射能**などの言葉の意味を明らかにしておく．元々広義の放射線は電波や可視光も含む言葉であるが，わが国では**電離性放射線**を単に放射線と呼ぶ．また，色々な放射線のうち，特別にヘリウム原子核線，電子線，電磁波をそれぞれ α 線，β 線，γ 線と称する．放射能は放射性同位元素が自然壊変する勢いの程度を表し，SI 単位はベクレルである．この他，**照射線量**は X 線や γ 線の照射により空気が電離する程度を表す線量で SI 単位は クーロン/kg，**吸収線量**は物体の単位質量当たりに吸収される放射線のエネルギーを表す線量で SI 単位はグレイ，**線量当量**は吸収線量に線質係数と修正係数（通常は 1）を掛けたもので，線質係数は放射線の種類などで生体への影響が異なることによる．この SI 単位はシーベルトである．

放射線の検出に用いる主な放射線センサを**表 12.1** に示す．

電離型放射線センサはガスが封入された装置内に放射線が入射すると電離されることを利用している．よく知られたガイガーカウンタはこの型に含まれる．

シンチレーション型放射線センサは放射線が蛍光物質に衝突するときに発生する**シンチレーション（発光）**を利用している．

感光型放射線センサは放射線の感光性を用いる．放射線従事者が個人の被ばく線量を測定する目的で装着しているフィルムバッジの黒化の程度が被ばく線量に比例することを利用している．

半導体型放射線センサは半導体 pn 接合の逆バイアスによる空乏層の広がりに放射線が入射することによる電子イオン対の発生を利用している．電子イオン対はそれぞれ n 側，p 側に引き付けられ，生じた電流を増幅器を介して測定する．

図 12.3 にガイガーカウンタとして知られる **GM 計数管**の仕組みを示す．管内にアルゴンあるいはハロゲンガスを封入し，放射線入射口はマイカ（雲母）を用いる．GM 計数管は特に β 線も測れる地表の**表面汚染測定**に向いている．

図 12.4 にシンチレーションカウンタの概略を示す．シンチレータ内での放射線による発光を**光電子増倍管**で増幅して計測する．主に γ 線による大気の**空間線量測定**に向いている．

なお，**食品汚染検査**に関して，簡便な方法としては**ヨウ化ナトリウム（NaI）シンチレータ**が用いられる．また，厳密な方法としては液体窒素で冷却した**ゲルマニウム（Ge）半導体型検出器**が用いられる．

12.2 環境問題に係わる電気電子計測の役割

表 12.1 主な放射線センサの種類

電離型	GM 計数管など
シンチレーション型	シンチレーションカウンタ
感光型	フィルムバッジなど
半導体型	pn 接合型放射能センサ

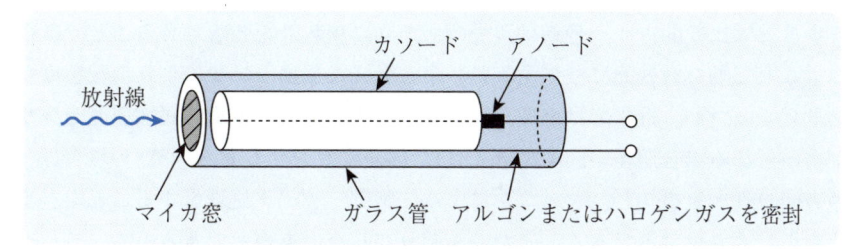

図 12.3 GM 計数管の仕組み

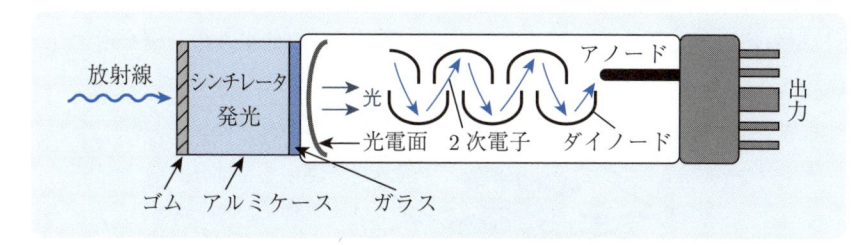

図 12.4 シンチレーションカウンタの概略

● レントゲンとキュリー夫人はなぜ消えた？ ●

　放射線関係といえば，誰でも知っているのがドイツの物理学者レントゲンと，フランスの化学・物理学者キュリー夫人である．有名なこの二人はその研究業績が讃えられ，長年，レントゲンは照射線量の単位として，キュリーは放射能の単位として世の人に記憶されてきた．ところが，国際単位系（SI）の時代になって，彼らの名前は消えてしまった．照射線量はレントゲンから クーロン/kg という無粋な SI 単位に，放射能の単位はキュリーから，よりによって，同時にノーベル賞を受賞したフランスの物理学者 A.H. ベクレルに取ってかわられてしまった．そこに何があったのか，今となっては神のみぞ知るである．

12.3 健康に係わる電気電子計測技術

現代人は健康の意識が高く，歩数計やヘルスメータは今や生活に欠かせない機器となっている．歩数計は歩数のみならず，消費カロリや歩行距離を表示できるものもある．一方，ヘルスメータは単に体重を量るだけでなく，**体脂肪率**など様々な身体の状態に関する情報を表示する便利な器具となっている．

歩数計は比較的古く，最初は腰骨のあたりに歩数計を装着させることで歩行による上下動を機械的に検知するいわゆる機械式振動センサにより歩数をカウントしていたが，近年では小型，軽量で知能化に適した**半導体式加速度センサ**が用いられる場合が多い．**3次元（3D）加速度センサ**もある．3Dの場合はどの方向の動きも検知し，マイコンによって制御・データ処理をすることで，歩数を正しくカウントできる．また，消費カロリなども表示できる．

この半導体式加速度センサとしては，主にピエゾ抵抗型半導体式加速度センサと**静電容量型半導体式加速度センサ**が用いられている．図 12.5 にはピエゾ抵抗型の仕組みを，また，図 12.6 には静電容量型の仕組みの一例を示す．

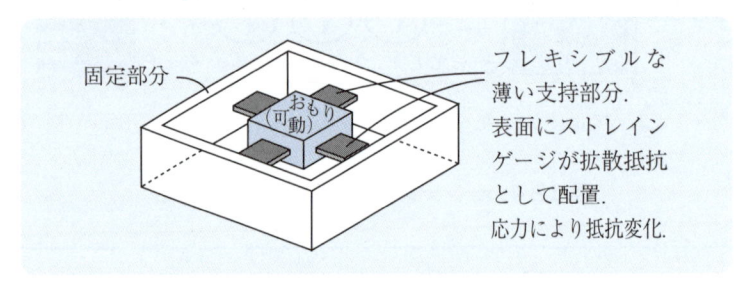

図 12.5 ピエゾ抵抗型半導体式加速度センサの仕組みの一例

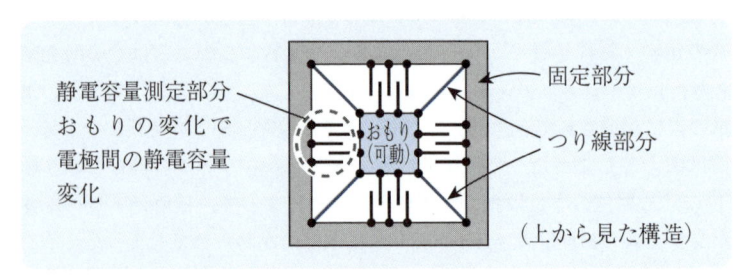

図 12.6 静電容量型半導体式加速度センサの仕組みの一例

12.3 健康に係わる電気電子計測技術

今日ではヘルスメータは体重のみならず，体脂肪率，筋肉量，推定骨量，基礎代謝量など身体の組成に係わる数値を表示する装置となっている．ここでは体内に含まれている脂肪の割合を示す体脂肪率の測定，特に体内の脂肪分が筋肉などに比べて電流が流れにくいことを利用した**生体インピーダンス法**による体脂肪率測定について説明する．

図 12.7 に示すように，ヘルスメータに載せた両足間に弱い交流電流を流し，その同じ両足間で体内を流れた電流によって得られる電圧を測定し，電圧と電流の比から被測定者のインピーダンス Z を求める．この他に，事前に年齢，性別，身長などを記憶させる．さらに，同時に測定された体重の情報も加えて，多数の被験者で統計的に調べられた同じような条件の場合におけるデータから導出されたインピーダンスと体脂肪率の関係式を用いて推定し，表示する．

足だけではなく，電極が組み込まれた測定装置を手で握って手足でインピーダンスを測る方法や手のみで体脂肪を計測する方法もある．

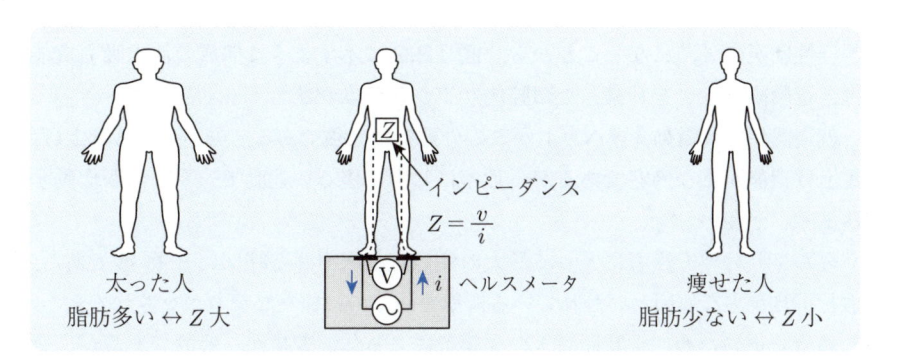

図 12.7 体脂肪率推定のための生体インピーダンス法の原理

■ 例題 12.1 ■

ヘルスメータで体脂肪率を測定するために，一般に生体インピーダンス法が用いられる理由を述べよ．

【解答】 身体を構成している筋肉や内臓，水分，脂肪分などの中で，脂肪分が圧倒的に電流が流れにくい．そこで，このことを利用して，一定の微弱な交流電流を体内に流して発生する電圧値を測定し，電圧と電流の比により得られるインピーダンスの大きさから体内の脂肪分の多さを推定することができるためである．

12.4 介護福祉関連の電気電子計測技術

高齢化が進むわが国において，それに伴う様々な形態の介護福祉関連の働きが大きな広がりを持ちつつある．また，高齢者の生活を支える様々な器具やシステムが介護施設や在宅での介護の区別なく，必要不可欠な状態になっている．多種多様な**介護福祉用具**はその役割から，図 12.8 に示すように，食事，就寝関係，入浴，トイレ関係，歩行補助，住宅全般に分類することができる．

ここでは特に電気電子計測が関係する装置を各分類ごとに注目してみる．

食事は人生の楽しみの一つであり，生命維持のベースである．スプーンや吸い口などの食事に関係する様々な介護製品が利用されている中で，ここでは嚥下補助に注目する．嚥下とは飲みくだすの意味で，人間の喉のあたりで行われる基本的な行為で，空気は肺へ，飲食物は胃の方に送ることができる．高齢でこの部分がうまく機能しなくなる**嚥下障害**は生命維持に大きな支障となる．また，**誤嚥性肺炎**を引き起こす要因でもある．口の中をいつも清潔にしておくことが誤嚥性肺炎の予防になることから，図 12.9 に示すような構成の注水吸引機能付き電動歯ブラシを具備した**口腔内ケアシステム**がある．

就寝関係では**電動介護ベッド**がこの分野では必須である．動力による背上げ，足上げ機能が主な内容であるが，近年はヒトに優しい連動モーションが作動するタイプが多い．

寝たきりの要介護者にとって最大の注意点は床ずれと呼ばれる **褥瘡**である．血行不良が主な原因といわれている褥瘡を防ぐのに様々な努力がなされてきた．

褥瘡防止のために数時間おきの介護者による体位変換が一般的であるが，近年は様々な**体位分散マットレス**，とりわけ**自動体位変換機能**の具備したエア

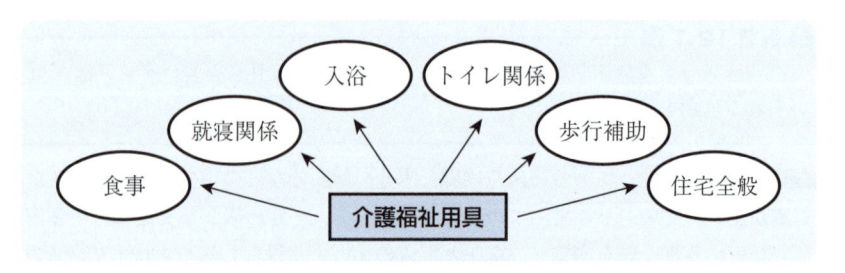

図 12.8 役割別介護福祉用具の分類

12.4 介護福祉関連の電気電子計測技術

マットレスが介護者の労力を代替する方向にある．この高機能エアマットレスは図12.10に示すように，細分化されたエアセルにポンプから順次空気を注入し，あるいは排気することで身体の圧迫部分を分散させる一方，体位変換のための空気注入による左右交互の傾きを発生させる機能を持つ．コントロールユニットを用い，圧力センサによって指示した希望の状態へと制御される．

入浴，トイレ関係に関していえば，たとえば，入浴時の補助用シャワーチェアあるいはポータブルトイレなど様々な機器が有効に活用されているが，概ね簡単な構造で電気的な技術を要しないものが多い．

歩行補助に関しては長年，杖や**自走式車椅子**の利用割合が大きいが，**電動車椅子**も注目されている．

住宅一般では**バリアフリー**を含めた居住性がポイントであるが，介護補助としての**電動リフト**も注目されている．

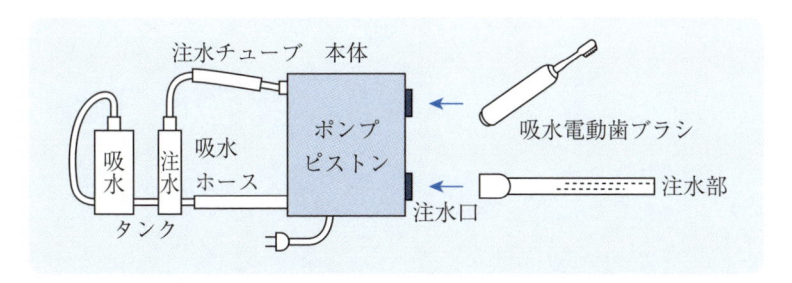

図12.9 注水吸引機能付き電動歯ブラシを含む口腔内ケアシステムの構成

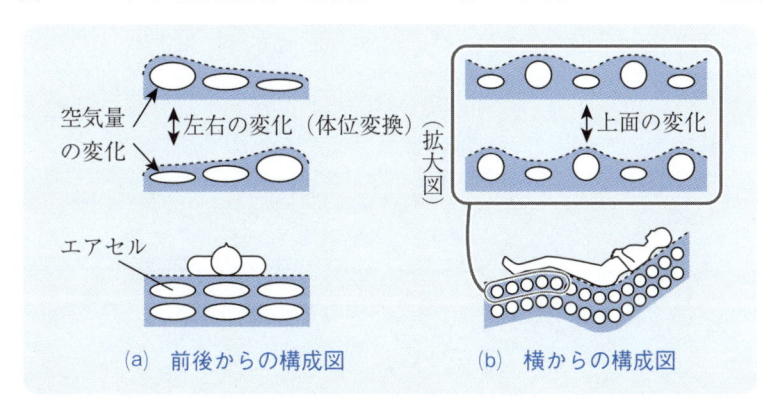

図12.10 自動体位変換機能を具備したエアマットレスの仕組みの一例

12章の問題

- **12.1** 放射線センサにはどのような種類があるか．それらの測定方法も含めて説明せよ．

- **12.2** 最近の歩数計はどのような仕組みになっているか説明せよ．

- **12.3** ヘルスメータで体脂肪率を測定する仕組みを説明せよ．

- **12.4** 嚥下障害とはどのようなことか説明せよ．そのために注意することは何か述べよ．

- **12.5** 褥瘡とはどのようなことか説明せよ．そのために注意することは何か述べよ．

第13章

日常生活での電気電子計測技術

最終章では日常の社会生活で接する様々な機器や装置の仕組みとその中で係わっている電気電子計測技術について調べてみる．具体的な例として，交通機関の改札口での非接触 IC カード，金融機関の ATM での紙幣識別機，指紋認証，タッチパネル，スーパーなどのレジでのバーコード読み取り機を取り上げてみる．

■ 13 章で学ぶ概念・キーワード
- 非接触 IC カード
- 紙幣識別機
- バーコード
- 指紋認証
- タッチパネル

第13章 日常生活での電気電子計測技術

13.1 日常生活での電気電子計測技術

　この最終章では日常生活で目にする様々な機器や装置にも電気電子計測技術が役割を果たしていることを見ていきたい．人間は社会の中で生活をしているゆえに，交通機関，公共施設，金融機関，様々なショッピング施設や飲食店などと係わっている．

　ここでは日常の社会生活で見かけたり，体験したりする数多くの機器や装置の中から，図13.1のように，比較的身近な，**非接触ICカード**（13.2節），**紙幣識別機**（13.3節），**バーコード**（13.4節），**指紋認証**（13.5節），**タッチパネル**（13.6節）を取り上げてその仕組みを知ると共に電気電子計測の役割を調べてみる．これらには様々なエレクトロニクス技術が組み込まれていると同時に，それらの機能を正常に作動させるための電気電子計測技術が係わっている．

　毎日の衣食住という人間の基本生活に係わる部分を見ても，その供給形態が少しずつ変化していることがわかる．たとえば，衣に係わるアパレル産業でも縫製工場でのオート裁断機や人体モデルの立体画像化など新しい技術が取り入れられ，そこでも電気電子計測技術は大きな役割を果たしている．食に係わる農業や水産業などの一次産業においても電気電子計測技術を利用した，気候の影響を受けず安定した出荷を可能とする人工野菜工場あるいは魚介類の人工養殖場のような施設の存在が従来型の一次産業を変えていっている．住についても耐震構造や住環境の寒暖対策，家庭内のエネルギーを制御する **HEMS**（home energy management system）によるスマートハウスの普及など，諸整備が確実に進んでおり，そこにも電気電子計測技術が深く貢献している．

　このように現代の私たちの日常生活を注意深く見渡すならば，電気電子計測技術がアメーバのように至るところに係わっていることがわかる．

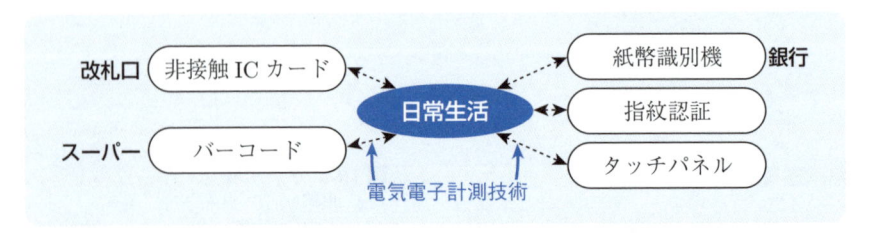

図13.1　日常の社会生活でよく見かける機器・装置の仕組みと電気電子計測

13.2 非接触ICカード

大都市の鉄道や地下鉄などの交通機関の改札口でカードをかざすだけで通ることのできる**非接触IC カード**はどのような仕組みになっていて，電気電子計測技術がどのような係わりを持っているのか調べてみる．

ほぼ名刺の大きさに近い，厚さ1 mm 弱の非接触IC カードの中に，**図 13.2** に示すような**アンテナコイル**と **IC チップ**が組み込まれている．IC チップを駆動させるためのバッテリは内蔵されていないのが特徴である．IC チップ駆動用電力は改札装置の上部に表示されたカードマークに IC カードを接近させたときに改札装置中に組み込まれた**カードリーダ・ライタ**からの電波を IC カード内部のループアンテナにより電磁誘導の原理で受け取り，その電波を IC チップ内で瞬時に直流電力に変換することによって IC チップを駆動させる．同時に，その駆動した IC チップと改札装置のカードリーダ・ライタ間でアンテナを介して改札のディジタル情報のやり取りが行われる．改札口におけるカードへの電力供給と改札情報のやり取りの概念を**図 13.3** に示す．

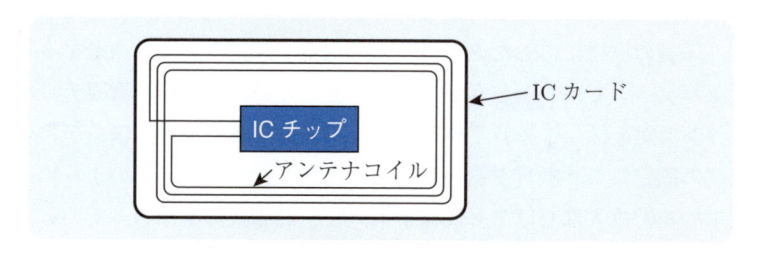

図 13.2 非接触IC カードの内部の構造

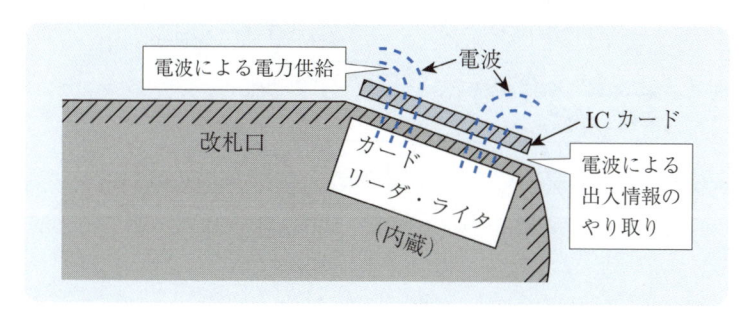

図 13.3 改札口におけるカードへの電力供給と出入情報のやり取り

13.3 紙幣識別機

自動販売機に組み込まれている貨幣投入部には紙幣用と硬貨用があるが，ここでは特に**紙幣識別機**の仕組みについて説明し，電気電子計測技術の役割を確認する．紙幣識別機には大きく二つの目的がある．第一は投入された紙幣の**真贋鑑別**である．偽物は排除して受け付けない仕組みになっている．第二はその紙幣の種別を正しく判断することである．

識別手段の詳細は紙幣識別機の各メーカーにおける秘密事項ゆえ，ここでは概念的な内容を紹介する．図 13.4 に示すように，紙幣投入口から入った紙幣はベルトとローラーによって紙幣識別機の中を移動していく．その際，紙幣の寸法と厚さ，紙質のチェックが行われる．多くの場合，複数個の**磁気センサ**と**光センサ**あるいは**赤外線センサ**が使用されている．日本の紙幣は縦方向の長さが一定で，横方向が各種類の紙幣で異なるので，サイズのチェックで紙幣の種別は識別できるようになっているが，赤外線で反応する特殊なインクで各種類の紙幣の金額表示の部分が異なる反応をするように印刷されていることから，赤外線センサでも識別できる．また，印刷インクに磁気的な性質も含ませているゆえ，印刷の模様に応じた磁気の強弱を紙幣が磁気センサを通過する際に正常な磁気パターンであるかどうかを確認することにより紙幣の真贋チェックと紙幣の種別判断を行うことができる．また，LED と光センサによる紙幣中の光の透過度の測定により紙質や透かしなどの判別も行われる．このように，自動販売機中の紙幣投入部だけでも多様な電気電子計測技術が係わっている．

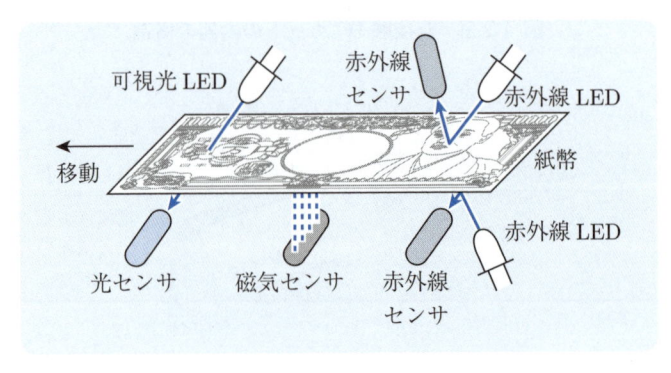

図 13.4　紙幣識別機の構造の概略

13.4 バーコード

スーパーやコンビニエンスストアのレジでおなじみのバーコードは今や会計時には当たり前の光景であるが，これがどのような仕組みか調べてみる．

もともと，バーコードは商品の値段を読み取ることが主目的ではない．バーコードリーダは POS（point of sales）システム，すなわち販売時点情報管理システムの端末機械のことである．バーコードリーダとホストコンピュータで構成された **POS システム**によって，品名，数量，販売時刻などの商品データを管理することができる．図 13.5 に示すような各品物に印刷されている通常のバーコードは全体が 13 の数字を表している．左端の国番号や右端の読み取り確認数字を除く残りの白黒の帯の形状の部分がメーカー名や品物固有の模様を意味している．そのため，POS システムでは最初にコンピュータによって各商品の品名や値段などの様々な情報を品物唯一の白黒の帯状のパターンと組み合わせる形で記憶させておく．それゆえ，商品のバーコードは固有の価格が最初から印刷されているわけではない，値段を変更することも自由にできる．図 13.6 に示すように，バーコードリーダにはレーザ光源と光センサが組み込まれていて，バーコードの白黒模様を光センサで一軸上に読み込んだ濃淡出力を最終的に二値化し，ホストコンピュータでデータ処理する仕組みである．

これとは別に，マトリックス型二次元コード（**QR コード**）も普及している．

図 13.5 バーコードの模様の意味

日本の国番号は49または45．
最初の数字4は左の6個の数字の組合せから必然的に4と定まる．

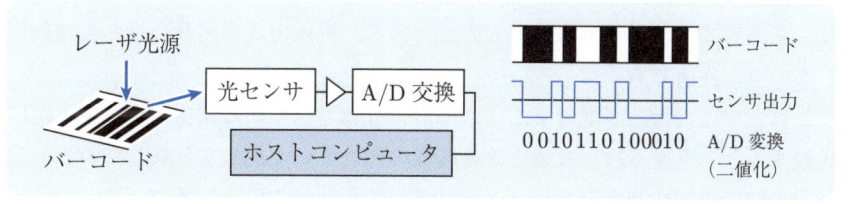

図 13.6 バーコードリーダの仕組みとデータの処理

13.5 指紋認証

　金融機関のATM（現金自動預け払い機）で見かける指紋認証装置の仕組みを調べ，電気電子計測技術がどのような役割をしているのかを学ぶ．

　指紋は全ての人が異なる形状をしているということから個人認証の手段として使用されている．身体的特徴を利用して個人を特定する技術は**バイオメトリクス（生体認証）**と称して，指紋の他に，文字の筆跡認証，眼の虹彩認証，音声の声紋認証，人間の顔の特徴を識別する顔認証，手のひらや指の血管の形を読み取る静脈認証なども研究開発されている．

　指紋認証では図13.7に示すようにいくつかの指紋認識方法がある．**光学方式，静電容量方式，電界強度測定方式，感圧方式，感熱方式**などである．代表的な方法が光学方式で，図13.8に示すように，指を置いたガラス面の斜め下からの光源の光が指紋の紋様を作る隆線に応じて反射する方向が変わる状態をプリズムとレンズを介して光源と対面においた撮像素子で検出する方法である．耐久性に優れているため，多用されている．しかし，指が濡れているときに誤動作しやすい，外の光の強さにも影響されやすい，装置が若干大型になるなどの欠点がある．それらの欠点を除くために光源や撮像素子の位置を工夫して改善した**光学方式指紋認証装置**もある．

　静電容量方式や電界強度測定方式のような電極と皮膚表面の距離に応じた静電容量の違いあるいは皮膚と電極間に交流電流を流して発生する隆線に応じた電界強度の違いを識別する装置も商品化されている．図13.9に静電容量方式による指紋認証の概略を示す．この場合は指表面の指紋の紋様を作っている隆線のために生じるわずかな凹凸空間による静電容量の違いを微小電極群を用いて測定し，個人認証に用いる．

　感圧方式は皮膚表面と電極の間に感圧素子をはさみ，圧力差を測る方法であり，感熱方式は温度差を認識する方法である．感圧方式は濡れた指でも誤動作しない点が長所である．

　これら一連の指紋認証の手法は，事前に登録されている紋様と全体を単純に比較するというよりは，紋様を作る隆線の切れている部分や分岐している部分などの個人の持つ特徴点をピックアップして比較する場合が多い．

13.5 指紋認証

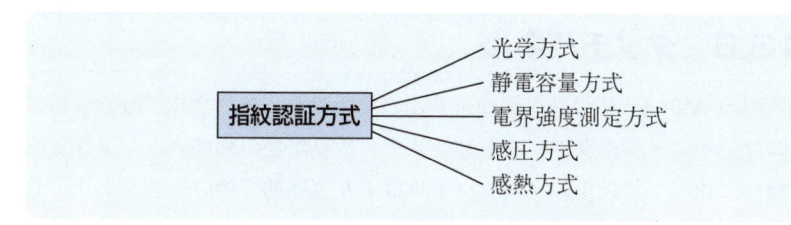

図 13.7 指紋認証方式の種類

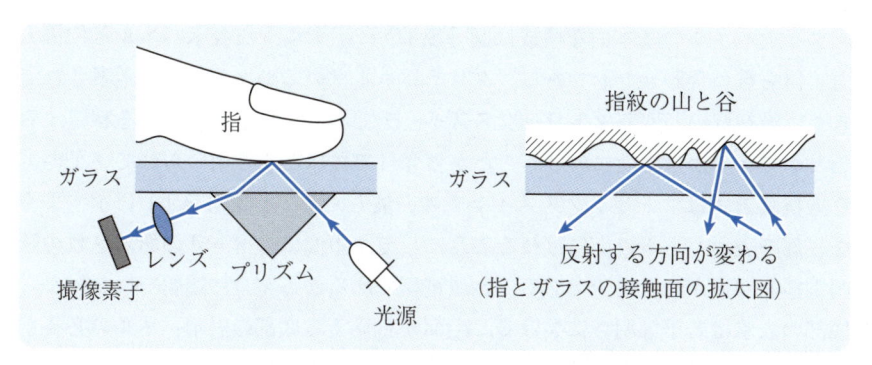

図 13.8 一般的な光学方式指紋認証装置の構造

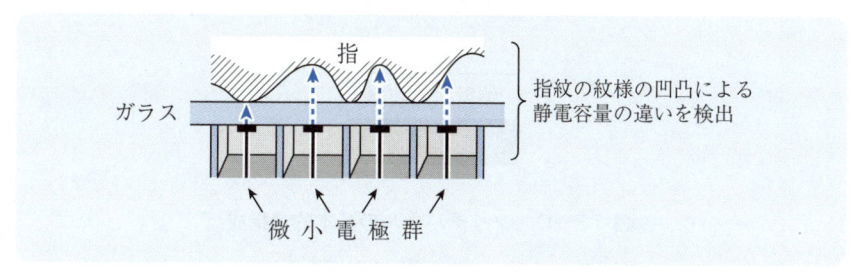

図 13.9 静電容量方式による指紋認証の概略

● **全てはお見通し!?** ●

認証の研究は際限がない．どんどん進化している．顔を見ただけで，その人の個人情報があらわにされる日も近いかもしれない．今や，顔を隠しても，目や鼻や顔の一部分がわかれば識別できる．老人でも子供のときの写真で特定してしまう．ちょっと怖い．

13.6　タッチパネル

金融機関の **ATM**，駅の券売機など多くの場所で**タッチパネル**が用いられている．スマートフォンやタブレットもタッチパネルが使われている．マウスやボタン操作に比べて，近年のタッチパネルはより直感的で扱いやすくなり，普及の度合いも大きい．ここではタッチパネルの仕組みを紹介し，電気電子計測の係わりを探ってみる．

タッチパネルの基本的な構成は図 13.10 に示すような表示パネルと位置入力装置を重ね合わせた形である．タッチパネルはいくつかの方式が考案されてきた．最初はいわゆる**マトリックススイッチ**である．格子状の位置を特定することができるが自由度に欠けることから今日ではほとんど用いられていない．

抵抗膜方式はマトリックススイッチの発展した形で，図 13.11 に示すような底部の表示パネルの上に重ねるようにして，中間にスペーサのある 2 枚の透明電極面が置かれた構造である．金属電極であるから完全に透明ではないから底部の表示は若干鮮明さに欠ける．上面から見える底部の表示パネルの必要な個所を上面から指で軽く押すとその部分の上面の**透明電極**がへこんで状態が変わり，抵抗値に変化が現れ，位置情報として表示部に伝達される仕組みである．

図 13.10　タッチパネルの基本的な構成

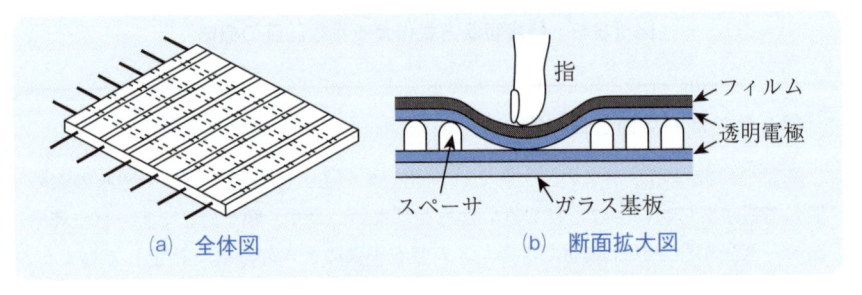

図 13.11　抵抗膜方式のタッチパネルの仕組み

13.6 タッチパネル

これまでは抵抗膜方式が構造が単純で安価ということもあり，広く用いられてきたが，近年，**アナログ容量結合方式**とも呼ばれる**静電容量方式**が抵抗膜方式の代わりに用いられる場合も多い．静電容量方式には2種類ある．一つは**表面型静電容量方式**と呼ばれるもので，ガラス基板面上の透明電極とパネルの4隅に電極が配置され，そのパネル面上に指を置くことによる電極間の静電容量変化によって位置情報を検出する．もう一つは**投影型静電容量方式**と呼ばれているもので，図 13.12 に示すような電極形状でリード線が直角になるように設定された2層の透明電極を含むガラス基板からなるパネルである．このパネル面上に指を接触させることで変化する電界によって位置を検出する．この投影型の特長は，構造的に2点の位置を同時に検出できることから，複数の指の動きの組合せでコマンドを実行できるジェスチャ機能が使えることである．

タッチパネルには**超音波表面弾性波方式**，**赤外線方式**，**電磁誘導方式**などもあり，今後，競合する中でタッチパネルが進化し，高機能化していくであろう．

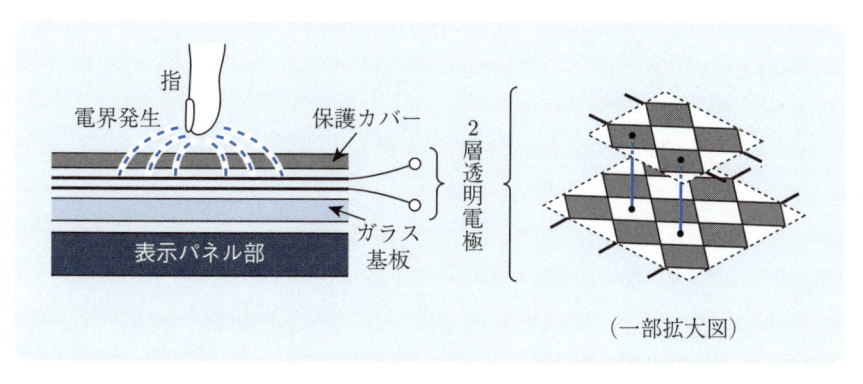

図 13.12 投影型静電容量方式のタッチパネルの仕組み

■ 例題 13.1 ■

スマートフォンなどのタッチパネルでは2本の指を使って図面の拡大などができるがどのような仕組みになっているか考えよ．

【解答】ジェスチャ機能が具備されていれば可能である．たとえば，投影型静電容量方式タッチパネルでは2点のポイントを同時に識別できる．このことから，それらの2点の移動方向を認識して拡大・縮小のシグナルをスマートフォンなどの内蔵マイコンに送り，データ処理の結果として指示動作が表示パネル上で実行できる．

13章の問題

□ **13.1** 駅の改札口を通るときに，たとえば定期券などの非接触ICカードの場合は軽くタッチするだけで出入りすることができる理由を説明せよ．

□ **13.2** 両面カラーコピーして，見た目には同じように見える偽札が自動販売機で使えない仕組みを説明せよ．

□ **13.3** スーパーの商品に印刷されているバーコードはバーコードリーダーを用い，どのような仕組みでコードを認識するのか説明せよ．

□ **13.4** 指紋の認証方式として光学式が用いられることが多いが，どのような仕組みで指紋を識別するのか説明せよ．

□ **13.5** スマートフォンやタブレットにタッチパネルが多く使われているが，タッチパネルにおける位置認識の仕方にはどのような方法があるか述べよ．

問題解答

1章

■**1.1** 基礎電気電子計測では電気量そのものの測定法や計測について学習した.
応用電気電子計測では電気量以外の様々な分野の情報を電気電子計測を用いて得ることと, そのための他の分野の情報を電気変換して電気量とするためのセンサについて学ぶ.

■**1.2** センサは他の分野の情報を電気変換して電気量とするために用いるものである.

■**1.3** ほとんど全ての分野で, 現在は, 情報が電気量に変換されて, 電気的に処理される. この一連の内容を取り扱うことをここでは応用電気電子計測と呼んでいる.

■**1.4** 超音波センサを用いて人間の体内の様子を見るエコーや圧力センサによる血圧計などがある.

2章

■**2.1**

光電効果	(A) 外部光電効果	(B) 光電子放出
	内部光電効果	(C) 光導電効果
		(D) 光起電力効果

■**2.2** 光電子放出とは, ある物質の仕事関数より大きな光エネルギーがその物質に照射されたときに, その物質の内部から電子が放出される現象をいう. この状態を繰り返させることで, 光電子増幅が起こるのを利用して, 高感度の光センサとして用いる. 具体的には高感度撮像管などがある.

■**2.3** 光電子放出の条件 $\frac{hc}{\lambda} \geq \phi_M$ にそれぞれ数値を代入すると, 銅の場合は $\lambda \leq \frac{1.24 \, [\text{eV}\cdot\mu\text{m}]}{4.60 \, [\text{eV}]}$, すなわち, 270 nm 以下の波長である.

■**2.4** 光導電効果と光起電力効果の違いは出力的には, 光導電効果が光–抵抗変換で, 光起電力効果は光–起電力変換である.

■**2.5** CdS セルは街灯の点滅などの光のオンオフスイッチに用いられることが多い. また, カメラの露出計にも用いられる.

■**2.6** フォトダイオードとフォトトランジスタの違いは端的にいえば, 光センサに増幅機能が付加されているかどうかである. フォトダイオードは光入力が電気信号に変換される機能であるが, フォトトランジスタは光入力が電気信号に変換された後, その電気信号が増幅されて出力される.

■**2.7** イメージセンサには一次元リニアイメージセンサと二次元イメージセンサがある.
一次元リニアイメージセンサはフォトダイオードを一列に並べたもので, ファクシミ

リや複写機のパターン読み取り，非接触での位置や寸法の計測に用いられる．

二次元イメージセンサとして二次元構成の場合は画像読み取りやビデオカメラの画像センサとして広く用いられている．この場合，集積化して配列した大量のフォトダイオードの個々の光情報を高速で取り込んでいくためのスキャンニング機構が必要である．

イメージセンサの方式としてはCCD方式とMOS方式がある．

CCD方式は電荷結合素子（charge-coupled device）と呼ばれる通り，電荷を貯めて，その電荷を次々とシフトしていくことで信号を読み出す方式である．

一方，MOS方式は個々のフォトダイオードと一体になったMOSFET（電界効果型トランジスタ）をオンオフスイッチとして用い，順次切り替えながら個々のフォトダイオードの光情報を伝えていく方式である．

3章

■**3.1** 赤外線–電気変換が光–電気変換と異なる部分は第一に取り扱う光の波長が異なる．光，すなわち可視光の波長領域はおおよそ380 nmから780 nmの範囲であるが，赤外線は780 nmから1 mmという広い範囲の波長領域をいう．また，赤外線には熱的な特性を持っていることが大きな特徴である．

人間の目で見えるか見えないかということも大きな違いである．

■**3.2** 赤外線–電気変換を大別すると量子型と熱型である．

■**3.3** 焦電型赤外線センサにおける焦電効果とは，赤外線照射による温度の影響で，PZT（ジルコン酸チタン酸鉛），$LiTaO_3$（タンタル酸リチウム）などの自発分極状態の強誘電体の表面に電荷が発生する効果である．

通常は表面電荷が平衡を保っているが，赤外線の照射により，内部の自発分極の大きさが変化し，表面電荷が現れる．ただし，時間と共に平衡状態に戻ろうとするので，赤外線はチョップ状の入力形状が要求される．

この焦電効果の特長としては，波長依存性がないこと，素子の冷却不要であることなどによる使い勝手の良さが挙げられる．一方で，検出感度が低いことや応答性が悪いことなどが欠点といえる．

■**3.4** 光ファイバの使用法は大きく分けると，受動型光ファイバ計測と能動型光ファイバ計測がある．

■**3.5** 光ファイバの計測における具体的な使用例としては，光ファイバの反射光の干渉によるドップラーシフト周波数を利用したドップラー血流計，あるいは能動型光ファイバ計測としては圧力あるいは温度測定用のハイブリッド型マッハツェンダ干渉計としての光ファイバの使用がある．

さらに，光ファイバの伝搬損失の変化を利用するものとして圧力計測がある．圧力によってファイバが変形し，それによって光伝搬が損なわれることの程度で結果的にファ

問 題 解 答　　　　　　　　　**141**

イバへの圧力情報を知ることが可能となる．

■**3.6**　レーザは，ある種の物質に外部から光が照射され，内部の低エネルギー状態の電子が高エネルギー状態に励起された後，位相をそろえて一挙に低エネルギー状態に落ちるときに入射光が増幅され，放出される特殊な光のことである．それはコヒーレント光と称するレーザ特有の光で，この性質が様々な計測に用いられる．

コヒーレントとは，二つの光波が干渉し得る，すなわち，可干渉性という意味で，これには空間的コヒーレントと時間的コヒーレントがある．空間的コヒーレントは鋭い指向性のビームを作り得ることで，時間的コヒーレントは限りなく単一周波数の光，すなわち，単色光とすることである．

レーザの有しているこの性質のため，長さや速度，周波数などの精密測定に重用されている．代表的な計測用レーザとしては，He-Neレーザ，アルゴンイオンレーザ，半導体レーザ，YAGレーザなどがよく知られている．

■**3.7**　レーザレーダとはレーザ光を用いたレーダということである．レーダは本来は光より波長の長い電磁波を用いて距離などを測るために多用されている装置であるが，距離と共に対象物のより微妙な状態を知るために，電磁波より波長の短い光を用いたレーザレーダが有効である．雲の粒子の検出など，気象用レーダはその一例である．二次元画像化も可能となっている．

4章

■**4.1**　圧力を測定する手段として古くはブルトン管圧力計やベローズ圧力計があるが，機械方式であり，電気信号に変換しにくい．そこで，近年は圧力-電気変換に適した，ダイアフラム圧力計が多く用いられている．

■**4.2**　ダイアフラムとは隔膜という意味で，セラミック薄膜か金属薄膜，あるいは半導体薄膜のことである．圧力の変化に伴って生じるダイアフラムの凹凸が圧力変化を知るために利用される．

また，ストレインゲージとはひずみゲージとも呼ばれ，多数の切れ目の入った薄い板状の金属片で，被測定物体あるいはダイアフラムに張り付け，物体の変形に伴うゲージの伸び縮みにより，そのゲージの電気抵抗が変化する．

■**4.3**　感圧導電性ゴムはダイアフラム型圧力センサとは異なり，測定面の圧力分布を知ることを目的としたものである．そのため，ゴムの両面などに格子状の多点電極を配置し，ゴムを挟んだ電極間の交差した点での電気抵抗をスキャンニングしながら測定することで，測定面の圧力分布情報を得る．

■**4.4**　測定ブリッジの電源電圧を E [V] とすると，(4.1) 式より，最初は，
4.2 [mV] $= \frac{12\,[\mu\mathrm{m}]}{2\times 7\,[\mathrm{mm}]} E$ [V] となる．

また，2回目のときは，中間の電極の上方へ変位量を Δd [μm] とすると，(4.1) 式よ

り，$4.6 \,[\text{mV}] = \frac{\Delta d \,[\mu\text{m}]}{2 \times 8 \,[\text{mm}]} E \,[\text{V}]$ となる．

この 2 式より，$\Delta d = 15 \,[\mu\text{m}]$ となる．

■**4.5** ロータリエンコーダのエンコーダとは元々は符号化する計器やソフトという意味であるが，ここでは位置情報をディジタル信号として取得するセンサを表す．ロータリエンコーダは角度情報を得る目的のエンコーダの名称である．ロータリエンコーダは，回転角情報を得るために，回転する円板の円周上にスリットが等間隔に刻まれていて，円板のスリット位置の両面に円板に接近させた状態で，発光素子と受光素子が設置された構造になっている．発光素子からの光が回転する円板のスリットを通過してパルス上に受光素子で検出されることで情報がパルス数の形で取得できる．

5章

■**5.1** 交流信号を連続波ではなく短時間だけ発信する波の形状のバースト波という信号を使う．気体空間では 40 kHz 前後の周波数の超音波のバースト波を繰り返し用いて測定する．最初に，この波形のスタート時刻を計測し，対象物に反射して戻ってくるバースト波の反射波形の最初の位置が発信位置に到達した時刻を再度計測し，往復した超音波の時間を得る．超音波の伝搬速度が事前にわかっていれば，超音波の往復した時間を 2 で割り，超音波の伝搬速度を掛けると超音波センサと対象物の間の距離が計算できる．超音波を連続波として使わないことにより，1 個のセンサで送受信が可能となる．

■**5.2** 2 種類の伝搬時間，0.4 秒と 2.0 秒はそれぞれ魚群の位置と海底であることは容易に想像できる．そこで，海水での超音波の伝搬速度を $v \,[\text{m} \cdot \text{s}^{-1}]$ とすると，(5.1) 式より，魚群の距離 $d \,[\text{m}]$ は，$d \,[\text{m}] = \frac{v \,[\text{m} \cdot \text{s}^{-1}] \times 0.4 \,[\text{s}]}{2}$．

一方，海底に対する関係は，同じく，(5.1) 式より，
$$1500 \,[\text{m}] = \frac{v \,[\text{m} \cdot \text{s}^{-1}] \times 2.0 \,[\text{s}]}{2}$$

この 2 式より，魚群の距離 $d \,[\text{m}]$ は，$d \,[\text{m}] = 300 \,[\text{m}]$．すなわち，水深 300 m のところとわかる．

■**5.3** 速度を求める計算のために，ここでは，高速道路上の自動車の速度 v の大きさを測定器の軸上の速度 $v' \,(= v \cos \theta)$ とする必要がある．(5.2) 式で v を v' に置き換えることで，最終的に速度 v を求めることができる．

題意より (5.2) 式に数値を代入すると
$$47.2 \,[\text{kHz}] = \frac{342 \,[\text{m} \cdot \text{s}^{-1}] + v'}{342 \,[\text{m} \cdot \text{s}^{-1}] - v'} \times 44 \,[\text{kHz}]$$

ゆえに，$v' \,(= v \cos 60° = \frac{v}{2}) = 12 \,[\text{m} \cdot \text{s}^{-1}]$．よって，$v \fallingdotseq 24 \,[\text{m} \cdot \text{s}^{-1}] = 86.4 \,[\text{km} \cdot \text{h}^{-1}]$．すなわち，自動車は高速道路を時速 86.4 キロで走行していた．

■**5.4** まず，(5.5) 式に題意の数値を代入して計算し，液体の流速 $v_x \,[\text{m} \cdot \text{s}^{-1}]$ を求める．次に，管の断面積 S を求め，$S \,[\text{m}^2] \cdot v_x \,[\text{m} \cdot \text{s}^{-1}] \cdot 60 \,[\text{s}]$ で 1 分間の流量 $M \,[\text{m}^3/\text{分}]$ が求まる．

(5.5) 式に題意の数値を代入して計算すると，液体の流速 $v_x = 0.77$ [m·s^{-1}] となる．管の断面積 S [m^2] は $\pi(\frac{d}{2})^2 = 3.14$ [m^2]．

ゆえに，流量 M [m^3/分] は $M = 3.14 \times 0.77 \times 60 = 145.1$ [m^3/分]．流量は 1 分間に 145.1 m^3．

■**5.5** 超音波流速計，差圧式流量計，電磁流量計，渦流量計，容積式流量計，面積式流量計，タービン流量計，熱線流量計，ピトー管流量計などである．

6章

■**6.1** 白金は経時変化が小さく，金属として安定している．このことから，標準温度計として，ある安定した温度状態の部分に設置して，そのときの白金足温抵抗体の電気抵抗を精密に測定することにより，既知の温度係数を用いて換算し，その部分の温度を定めている．

実際には周囲の温度の影響を避けるために，対象部分の位置での測定部位から長いシースによって引き出される．

■**6.2** $E_1 = i(r + R_x + r), \quad E_2 = i(R_0 + r + r)$

∴ $V_0 = E_1 - E_2 = i(r + R_x + r) - i(R_0 + r + r) = i(R_x - R_0)$

すなわち，リード線の抵抗 r の影響が除かれている．

■**6.3** サーミスタは粉末状のマンガン，コバルト，ニッケルなどの金属材料による酸化物を焼結させて製造したものである．焼結とは粉末を加圧成形し，融点以下の温度で熱処理することである．サーミスタは温度に敏感な抵抗体で，温度を抵抗の値によって定める装置である．通常は一定電流を流して，電圧を測定することによって求める．感度は高く，0.01°C より精密な温度測定も可能であるが，経時変化に注意することと，熱電対と違って，外部から電流の供給が必要である．

一方，熱電対はゼーベック効果を利用したものである．ゼーベック効果とは2種類の異なる金属線の両端をそれぞれに接合した状態で，互いの接合点の温度の差に応じた電圧が金属間に生じ，電流が金属線に流れる効果である．2種類の異なる金属の接点での温度差による起電力の発生を利用するものなので，測定温度が測定装置のあるところの温度に比べて非常に高いか低いほど大きな起電力が発生する．逆にいえば，室温での測定ではあまり効果的でない．高温の炉などが対象となる．サーミスタと違って電流供給は不要である点が長所といえるが，精密な温度測定には向いていない．

■**6.4** 温度を測定したい対象物から放射している赤外線を離れたところから赤外線センサを用いて測定して，対象物の温度を推定する．離れたところで対象物の温度を測定できるのが特徴である．

■**6.5** 近年，最も使用されている湿度センサは多孔質焼結体を用いたセラミック湿度センサと高分子膜を用いた湿度センサがある．どちらも小型・軽量で湿度–電気変換に

対応した使いやすい構造で，機械的強度もあり，長寿命ゆえ今後も使用範囲が拡大していくと思われる．

セラミック湿度センサではセラミック基板上に一対のくし型電極を配置し，感湿材ペーストを塗布して焼結させたものを用いる．空気中の水分が吸着することでインピーダンスの変化が生じることを利用する．一方，高分子膜を用いた湿度センサでは感湿材として高分子材料を含んだ溶液を上面にコーティングし，熱処理する．両者共に感湿部分に空気中の水分が吸収される度合いによって変化する静電容量や電気抵抗を利用する．すなわち，空気に比べて，水の比誘電率が20°Cで約80倍と大きいことから静電容量の変化をうまく利用する，あるいは水分が導電性ゆえ，含まれる水分量によって電気抵抗が変わることを利用する．どちらにしても，実際には，1 kHz程度の交流入力で静電容量や電気抵抗からなる素子のインピーダンスを測定して湿度を求める．

7章

■**7.1** 化学反応–電気変換としてはガスセンサやイオンセンサがある．一方，生体反応–電気変換としてはバイオセンサがある．

■**7.2** ガスセンサにも様々なタイプがあり，たとえば，定電位電解式，接触燃焼式，固体電解質式，半導体式，隔膜ガルバニ電池式などである．

代表的な酸化物半導体ガスセンサの仕組みは以下のようなものである．酸化物半導体ガスセンサは酸化すず（SnO_2）などのn型半導体を絶縁管セラミックス表面に焼結させたもので，管の中に白金線ヒータを挿入して300°C程度に加熱する．被測定ガスの化学吸着が起こると，半導体表面の酸化反応により，電子が半導体に流入し，導電率が増加する．それによって半導体の電気抵抗が変化するので，それを測定することにより，ガス濃度を知ることができるという仕組みである．実際には，触媒としての白金などの添加や，ヒータ挿入による加熱化でセンシング効果を上げている．プロパンガスや都市ガスの検知などに用いられている．

■**7.3** ISFETとはion sensitive FETのことで，イオン選択電極センサと高入力抵抗電界効果トランジスタ増幅器を合体した超小型イオンセンサである．ISFETの構造は，MISFETのゲート金属電極を除去し，イオン感応膜を被覆した構造のFETである．これを直接被測定溶液に浸すと，イオン感応膜と溶液の界面に溶液中の特定のイオンの濃度に対応して界面電位が発生する．したがって，溶液中の参照電極の電位を基準にして，この界面電位すなわちイオン濃度をFETのチャネル電流の変化として観測する．センサと増幅器が一体となった小型の構造のため，センサと増幅器間の高入力抵抗の問題やリード線の問題が除かれるという利点がある．

■**7.4** バイオセンサとは，生体反応を光，超音波，熱などの種々の検出手段，特に電気化学的な手法により電気信号に変換するデバイスである．

問 題 解 答   145

測定対象は主に，生体の酵素，免疫，微生物などである．たとえば，生体における特定の化学物質を知りたいときに，ある酵素が固定化した膜（酵素固定化膜）という，たんぱく質の持つ選択機能を利用するケースを見ると，酵素固定化膜に溶液を接触させると，反応して，基質の濃度に比例した電流が膜に接した電極に流れることが利用される．

バイオセンサの中で現在多用されている酵素センサ，特にグルコースセンサは血液中のブドウ糖，すなわちグルコース濃度を調べる装置として糖尿病診断に欠かせないものとなっている．

8章

■**8.1** 人間の五感とは視覚，聴覚，触覚，嗅覚，味覚である．それぞれに対応するロボットセンシング機能としては，目の視覚は光センサによるカメラとその映像の物体を認識するシステム，耳の聴覚はマイクロフォンとその収集した音声波形の分析システムがある．また，皮膚の触覚には感圧導電性ゴムなど，鼻の嗅覚には人工脂質膜を装着したISFETとそれによって得られた結果のニオイパターン比較，舌の味覚には脂質膜の装着した電極群とその結果得られる味パターン比較が考えられる．

■**8.2** 2個の目により得られる情報は映像の遠近感や立体感，対象物体の距離情報，対象物体の移動情報などである．

■**8.3** MOS型イメージセンサはXYアドレス指定方式と呼ばれているもので，各画素の発生信号を順次MOSFETで選択的に呼び出す方式である．各接点のMOSFETがオンオフスイッチの役目をしていて，XY接点列のタイムスキャンニングが行われる．ある接点のXY同時オンのときのMOSFETに直列接続されたフォトダイオードの光情報を認識し，そのポイントが超高速で時系列に移動する．

一方，CCD型イメージセンサは信号転送方式であり，各画素の出力信号を同時に電荷転送素子に転送し，その後，順次信号を読み出す方式である．

■**8.4** 可動コイル型，コンデンサ型，圧電型である．可動コイル型は電磁誘導を利用したもので，振動板に取り付けられた可動コイルが固定磁石の磁界中で振動し，その結果発生する起電力を利用する．コンデンサ型は対の平行平板形状のコンデンサの一片が振動することによる静電容量の変化が利用される．圧電型は文字通り音波による圧力変化を受けたバイモルフ圧電素子から発生する電圧の変化を利用する．

■**8.5** 何種類かの嗅覚センサ実現の試みがあるが，代表例としては，様々な異なる脂質と高分子からなる数種類の人工の脂質膜をISFETなどに装着して，それらに様々なニオイ分子が吸着したときに生じる人工脂質膜ごとの出力電位パターンを得る方法がある．既知のニオイサンプルで取得した出力電位パターンをベースに未知のニオイ物質の出力電位パターンの比較により類似のニオイを推定していく．

■**8.6** 味覚センサとしては，たとえば，様々な異なる種類の脂質を含む脂質膜ででき

た複数個の電極の集合体と参照電極を液体試料用容器内に装着し，その容器に甘味，辛味，酸味，苦味，うまみの5基本味に対応する物質を含む溶液を個別に注ぎ，その結果得られる5基本味の各溶液による複数個の脂質膜による電極で得られた応答電位と各電極の関係をプロットすることで得られる各基本味をパラメータとした電極-応答電位パターンを用いる．このパターンを参考にして，様々な食品のパターンによる識別がなされる．

9章

■**9.1** GPIBとは general purpose interface bus の略で，各種計測器間あるいは計測器とコンピュータの間でのディジタル信号によるデータのやり取りがスムーズにできるための共通した標準ルールの汎用性インタフェースバスのことである．このことによって，多数の計測器やコンピュータによる一連の計測システムにおける測定された大量のデータの処理や最適な計測状態設定の指示など計測システムの双方向の情報のやり取りを連動して行うことができるようになる．

■**9.2** GPIBは3種類のバス（信号線）があり，それらは8本からなるデータ入出力バス，3本で構成された転送バス，5本の管理バスである．8本のデータ入出力バスは8ビットのパラレル通信のやり取りをする．3本の転送バスはハンドシェイクとも呼ばれ，トーカとリスナ間の送受信の停止や再開を制御する信号線であり，このハンドシェイクという3本の異なる役割の通信線によって確実にデータのやり取りができるように常に通信の状態を確認している．5本の管理バスはコントローラと機器間でのやり取りに用いられる．データ転送の終了合図，インタフェースの初期化，コントローラへのサービス要求，コマンドとデータの識別，リモート制御とローカル制御の識別などである．

■**9.3** たとえば，CCDカメラや計測物体に照射したスリット光による光切断法などで物体の画像情報を得た後に，ある時刻 t における平面画像の点 x, y の濃淡度 d を抽出し，この画素にあたる1点のディジタル情報 (x, y, d) の x 軸，y 軸共に走査して面全体としての画素の集合体情報とし，さらに，時刻 t の情報も加えたディジタル情報 (x, y, d, t) の集合体とした後，コンピュータを用いて自由に画像処理することにより画像計測が行われる．

■**9.4** マイクロセンサ製作にはマイクロマシニング技術が用いられる．これには二次元面の微細化のためのフォトリソグラフィ技術，シリコン基板の奥行き方向の加工のための異方性エッチング技術，金属基板に大きなアスペクト比の電解メッキ金属を作るためのX線リソグラフィ，電解メッキ，形成の組合せによるLIGAプロセス技術，その他，基板表面に薄膜で三次元構造を作る表面マイクロマシニング技術や複数の微細加工した薄膜基板を積層化する接合技術などが用いられる．

■**9.5** センサフュージョンという概念は人間の持っている感覚から導き出されたもの

問題解答　　　　　　　　　　147

である．人間は五感で得られる外界情報を巧みに融合することによって，単独の情報では得られない高次の統合した情報を得ているといわれる．このような人間の感性を参考にして複数のセンサを組み合わせることによって，個別のセンサでは得られない情報を得るセンサフュージョンという技術が研究されてきた．

10章

■**10.1** 製造ライン上の製品の管理や不良品の検査，また部品の仕分けなどのために，光，赤外線，超音波，磁気，マイクロ波やレーザなどをベースにしたセンサによる非接触でのセンシング作業，ストレインゲージによる荷重センシングあるいは静電容量を利用した近接検知センサなどの多様なセンシング手法が用いられる．たとえば，LEDなどの発光素子とフォトトランジスタなどの光センサの組合せにより，光の透過や反射の異常から製造ライン上の製品の状態を識別する．また，画像センサでは識別しにくい複雑な作業を行う場合などに機械で読み取りやすい二値コードの情報が書き込まれた識別用タグを対象物に貼り付けて作業の内容を識別させる方法もある．

■**10.2** 産業用ロボットはコンピュータ数値制御（NCN）で動作する精密機械加工装置とは異なり，数値制御（NC）は用いられない場合が多い．すなわち，産業用ロボットは事前に定められた数値による杓子定規の動きをするのではなく多少曖昧な動きをする中でティーチングによるプログラムによって最適な状況に収斂する自律的な動作をする．このときに有効な位置，角度，圧力などの情報がエンコーダやストレインゲージなどの各種センサから供給される．

■**10.3** エンジンの空燃比制御の最適化に関係するスロットロセンサ，酸素センサ，水温センサ，圧力センサなどがある．また，自動車の安全な走行や快適性に関係する多様なセンサがある．スピードメータやタコメータ，温度センサ，燃料計，加速度センサを応用したエアバック用の衝突衝撃センサ，ナビゲーションシステムなどである．さらに，前車衝突防止，隣接車線衝突防止，前方道路危険警告，自動運転などの機能を具備した自動車とするためのレーザレーダあるいはCCDカメラでの車間距離検出による前車衝突防止機能や前方障害物認識による自動ブレーキ機能，赤外線や超音波による様々な状況での障害物検知機能もある．

■**10.4** 誘導型積算電力量計は電力量に応じたアルミニウム円板の回転数をカウントする機械式の積算電力量計である．一方，電子式電力量計は2個の演算増幅器を用いて被測定電力の電圧および電流の値をそれぞれに求め，さらにディジタル信号化した電流と電圧をディジタル乗算器で積分して得られた電力をパルス化し，最終的に電力量をカウントしたパルス数で表示する仕組みである．スマートメータは基本的に電子式電力量計であるが，通信機能を備えている．その機能を用いることで，電力会社と使用者の間でリアルタイムでの電力使用量などのデータのやり取りを可能とし，最終的には最適な

電力制御につなげられる能力を目指したものである．

11章

■**11.1** 家庭などで使われている血圧計には上腕，手首あるいは指に当てる圧迫帯の中に小さな圧力センサが組み込まれており，圧迫解除時の血管の拍動で生じる振動の振幅を圧力センサで測定し，取得データを内蔵のマイクロコンピュータで処理して血圧を求める．

■**11.2** 体内から発する電気信号は微弱なので，雑音の影響を受けやすい．心電計の場合は手首足首部分の電極設置をしっかり行い，基準点をきちんととること，高周波の情報はないのでフィルタで高周波雑音を除くこと，測定者の接近による浮遊容量の影響を避けるためにリード線のシールドをしっかりとることなどである．一方，マイクロボルトオーダーの脳波電位測定の場合は超微小電圧測定ゆえ，細心の注意が必要である．雑音，温度変化，測定者の被験者への接近などから発生する浮遊容量に注意する．

■**11.3** X線による人体透視技術とコンピュータによるトモグラフィすなわち逆解析再構成技術を合体した技術で，ある物体の断面の外周辺からX線源によりX線を照射し，対面での多重検出器で得られる測定データを送受信外周位置を周回させながら大量に蓄積する．このとき，内部断面を大量の点の集合体とみなし，それぞれの点が持っている未知情報の集合体が外部で求めた計測結果であると仮定して大量の連立方程式を立て，コンピュータでその方程式を解く．その結果，各点の最確値が推定され，それを白黒濃淡に変換して集合体全体を表現すると内部断層白黒濃淡画像が得られる．細分化した個々の人体組織のX線の通りやすさで組織の異状を知ることができる．

■**11.4** 核磁気共鳴（NMR）とは，人体などに存在する水分中の水素の原子核プロトンが通常は個々にランダムなコマの動きのような歳差運動をしているが，強い静磁場中に置かれると磁場方向に平行な歳差運動をするようになる．ここに，さらにパルス状のラジオ波（RF）磁場が静磁場に直角に印加された途端，プロトン核は位相を揃えて静磁場と直角の方向に向きを変え，歳差運動を行う横磁化が生じる．しかし，すぐにRF磁場が消え，その途端にプロトン核はもとの静磁場時の状態に変わり，横磁化も減衰する．この横磁化の変化の様子を印加時に用いたRFコイルを利用して検出する．横磁化の大きさはその測定ポイントのプロトンの密度に比例する．すなわち，人体の細分化した部位の個々の水分量が核磁気共鳴（NMR）という現象を利用することによって知ることができ，MRIという人体の組織の異状部分を識別可能な測定システムが構築される．

■**11.5** 内視鏡では光ファイバなどでできた細く，比較的やわらかな体内挿入用の管の先端に挿入部があり，その表面には胃の内部などの様子を観察あるいは撮影するレンズがあり，そのすぐ奥にはCCDセンサが装着されていて，この部分により内壁の様子を画像情報の形で外部のモニタ部へ伝送する．また，その際，内壁を照らす光は外部の

光源から光ファイバによって送られてくる．さらにその部分の洗浄が必要なときはノズルから水を噴射する．さらに，鉗子が装着されていて，皮膚の組織を採取したり，胃壁表面のポリープなどを除去する簡単な手術も行うことができる．

■**11.6** AED（自動体外式除細動器）はいわゆる，突然の心臓発作などを発症し，心室細動状態にある人に電気ショックを起こして，除細動を行うという救命に係わる装置である．実際に対象になる被験者が現れたときに，胸面に1対の電極パットを装着し，心室細動と判断されたときには除細動のために電気ショックを与える．AED自体の中に心電情報を判断する機能を持っていて，判断の結果を音声で指示する．また，電気ショック用のパルス状大電流を流す能力を有している．

12章

■**12.1** 主な放射線センサには電離型，シンチレーション型，感光型，半導体型がある．
電離型はガスが封入された装置内に放射線が入射すると電離されることを利用している．ガイガーカウンタとして知られるGM計数管はこの型に含まれる．GM計数管は管内にアルゴンあるいはハロゲンガスを封入して用いる．主に，β 線も測れる地表の表面汚染測定に向いている．シンチレーション型は放射線が蛍光物質に衝突するときに発生するシンチレーション（発光）を利用している．この型にはシンチレーションカウンタが含まれる．これはシンチレータ内での放射線による発光を光電子増倍管で増幅して計測する．主に γ 線による大気の空間線量測定に向いている．感光型は放射線の感光性を用いる．放射線従事者が個人の被ばく線量を測定する目的で装着しているフィルムバッジの黒化の程度が被ばく線量に比例することを利用している．半導体型は半導体pn接合の逆バイアスによる空乏層の広がりに放射線が入射することによる電子イオン対の発生を利用している．電子イオン対はそれぞれn側，p側に引き付けられ，それによって生じた電流が増幅器を介して測定される．なお，食品汚染検査には，簡便な方法として，ヨウ化ナトリウム（NaI）シンチレータが用いられる．また，厳密な方法として，液体窒素で冷却して用いるゲルマニウム（Ge）半導体型検出器がある．

■**12.2** 最近の歩数計は半導体式3次元（3D）加速度センサが用いられる場合が多い．3Dゆえ，どの方向の動きも検知し，さらに，マイコンによって制御し，データ処理することで，歩数を正しくカウントできるようになっている．また，消費カロリなども表示するものもある．この半導体式加速度センサとして主にピエゾ抵抗型と静電容量型が用いられている．

■**12.3** 体脂肪率とは体内に含まれている脂肪の割合である．体内の脂肪分が筋肉などに比べて圧倒的に電流が流れにくいことを利用した生体インピーダンス法を用いる．ヘルスメータに載せた両足間に弱い交流電流を流し，体内を流れた電流によって得られる電圧を同じ両足間で測定し，電圧と電流の比から被測定者のインピーダンスを求める．

この他に，事前に年齢，性別，身長などを記憶させる．さらに，同時に測定された体重の情報も加えて，多数の被験者で統計的に調べられている同じような条件の場合におけるデータから導出されたインピーダンスと体脂肪率の関係式を用いて推定し，表示する．
　足だけではなく，電極が組み込まれた測定装置を手で握って手足でインピーダンスを測る方法や手のみで体脂肪を計測する方法もある．

■**12.4**　嚥下とは飲みくだすの意味で，人間の喉のあたりで行われる基本的な行為で，空気は肺へ，飲食物は胃の方に送ることができる．高齢でこの部分がうまく機能しなくなる嚥下障害は生命維持に大きな支障となる．また，誤嚥性肺炎を引き起こす要因でもある．

■**12.5**　褥瘡とは床ずれのことで，寝たきりの場合，血行不良が主な原因で発生する．褥瘡防止のために数時間おきの介護者による体位変換が一般的であるが，近年は様々な体位分散マットレス，とりわけ自動体位変換機能の具備したエアマットレスが介護者の労力を代替する方向にある．

13章

■**13.1**　非接触ICカードの中にはアンテナコイルとICチップが組み込まれている．ICチップ駆動用電力は改札装置の上部に表示されたカードマークにICカードを接近させたときに改札装置中に組み込まれたカードリーダ・ライタからの電波をICカード内部のループアンテナにより電磁誘導の原理で受け取り，その電波をICチップ内で瞬時に直流電力に変換することによってICチップを駆動させる．同時に，その駆動したICチップと改札装置のカードリーダ・ライタ間でアンテナを介して改札のディジタル情報のやり取りが行われる．

■**13.2**　まず，本物の紙幣は赤外線で反応する特殊なインクで各種類の紙幣の金額表示の部分が異なる反応をするように印刷されていることから，この赤外線センサによる真贋チェックで識別できる．また，紙幣の印刷インクに磁気的な性質も含ませていることから，印刷の模様に応じた磁気の強弱を紙幣が磁気センサを通過する際に正常な磁気パターンであるかどうかを確認することにより紙幣の真贋チェックがなされる．また，透かしなどが本物の紙幣には入っていることから，LEDと光センサによる紙幣中の光の透過度の測定により紙質や透かしなどの判別で識別できる．

■**13.3**　最初にバーコードリーダとつながっているコンピュータにその製品だけの固有の白黒模様のバーコードとその商品の品名や値段などの様々な情報を結びつけて記憶させておく．バーコードリーダには光源と光センサが組み込まれていて，販売時などにその製品のバーコードの白黒模様を光センサで一軸上に読み込んだ濃淡出力を最終的に二値化してコンピュータによってデータ処理し，商品管理などをする仕組みである．

■**13.4**　指紋認証で代表的な方法の光学方式では指を置いたガラス面の斜め下からの

光源の光が指紋の紋様を作る隆線に応じて反射する方向が変わる状態をプリズムとレンズを介して光源と対面に置いた撮像素子で検出する方法である．耐久性に優れているため，多用されているが，指が濡れているときに誤動作しやすい，外の光の強さにも影響されやすい，装置が若干大型になるなどの欠点があるため，最近はそれらの欠点を除くために光源や撮像素子の位置を工夫して改善した光学式指紋認証装置もある．

指紋認証の手法は，事前に登録されている紋様と全体を単純に比較するというよりは，紋様を作る隆線の切れている部分や分岐している部分などの個人の持つ特徴点をピックアップして比較する場合が多い．

■**13.5** これまで最もよく使われているのは抵抗膜方式で，底部の表示パネルの上に重ねるようにして，中間にスペーサのある2枚の透明電極面が置かれた構造である．上面から見える底部の表示パネルの必要な個所を上面から指で軽く押すとその部分の上面の透明電極がへこんで状態が変わり，抵抗値に変化が現れ，位置情報として表示部に伝達される仕組みである．

これまでは抵抗膜方式が構造が単純で安価ということもあり，広く用いられてきたが，近年，アナログ容量結合方式とも呼ばれる静電容量方式が抵抗膜方式の代わりに用いられる場合も多い．

静電容量方式には2種類ある．一つは表面型静電容量方式と呼ばれるもので，ガラス基板面上の透明電極とパネルの4隅に電極が配置され，そのパネル面上に指を置くことによる電極間の静電容量変化によって位置情報を検出する．もう一つは投影型静電容量方式と呼ばれているもので，くし状の電極形状でリード線が直角になるように設定された2層の透明電極を含むガラス基板からなるパネルである．このパネル面上に指を接触させることで変化する電界によって位置を検出する．この投影型の特長は，構造的に2点の位置を同時に検出できることから，複数の指の動きの組合せでコマンドを実行できるジェスチャ機能が使えることである．

その他，超音波表面弾性波方式，赤外線方式，電磁誘導方式などがある．

参 考 文 献

[1] 信太克規,「基礎電気電子計測」数理工学社, 2012
[2] 藤村貞夫,「光計測の基礎」森北出版, 1993
[3] 高橋清, 伊藤謙太郎,「基礎センサ工学」電気学会, 1997
[4] 森泉豊栄, 中本高道,「センサ工学」昭晃堂, 1997
[5] 山崎弘郎,「センサ工学の基礎」昭晃堂, 2000
[6] 増田良介,「はじめてのセンサ技術」工業調査会, 1998
[7] 稲荷隆彦,「基礎センサ工学」コロナ社, 2001
[8] 塩山忠義,「センサの原理と応用」森北出版, 2002
[9] 高木相,「電気・電子応用計測」朝倉書店, 1989
[10] 新妻弘明, 中鉢憲賢,「新版電気・電子計測」朝倉書店, 2003
[11] 井出英人,「電気電子応用計測」電気学会, 2003
[12] 木下源一郎, 実森彰郎,「センシング工学入門」コロナ社, 2007
[13] 岡田正彦,「生体計測の機器とシステム」コロナ社, 2000
[14] 川村貞夫 他,「応用センサ工学」コロナ社, 2012
[15] 高橋清 他,「センサの事典」朝倉書店, 1991
[16] 瀧澤美奈子,「ものをはかるしくみ」新星出版社, 2007
[17] 計測自動制御学会編,「計測制御技術事典」丸善, 1995
[18] 山崎弘郎 他,「計測工学ハンドブック」朝倉書店, 2011
[19] 産業技術総合研究所人間福祉医工学研究部門編,「人間計測ハンドブック」朝倉書店, 2003
[20] トランジスタ技術SPECIAL編集部編,「センサ活用ハンドブック」CQ出版社, 2006
[21] VAN総覧1987編集委員会編,「センサ実用事典」フジ・テクノシステム, 2000
[22]「メカトロニクス1981年2月増刊号・新しいセンサと応用」技術調査会, Vol. 6, No. 3, 1981
[23]「Newton別冊センサのすべて」教育社, 1985

索　引

あ　行

味センサ　87
アスペクト比　95
圧電型　83
圧電効果　46
圧力計測　31
圧力センサ　104
圧力–電気変換　36
アナログ容量結合方式　137
アンテナコイル　131
イオン感応型FET　72
イオン感応膜　72
イオンセンサ　68, 70
イオン選択電極　70
イオン選択電極センサ　70
胃カメラ　116
異方性エッチング技術　94
インタフェースバス　90
渦流量計　52
エアロゾル　121
エアロゾル測定　121
エコー　48
エッチング　94
嚥下　126
嚥下障害　126
エンコーダ　36, 43
音声認識　83
温度　56
温度–起電力変換　56, 60
温度–抵抗変換　56, 57
温度–電気変換　56

か　行

カードリーダ・ライタ　131
ガイガーカウンタ　120
介護福祉用具　126
外部光電効果　15
化学反応–電気変換　68
拡散型半導体ダイアフラム
　圧力センサ　39
核磁気共鳴現象　114
拡張期血圧　111
ガスセンサ　68, 69
画像計測　92
可動コイル型　83
カルマン渦流速計　31
感圧導電性ゴム　36, 42, 84
感圧方式　134
感覚代行システム　81
感光型放射線センサ　122
カンチレバー　40
感熱方式　134
管理バス　91
機械量　36
嗅覚　78, 86
嗅覚センサ　86
嗅細胞　86
吸収線量　122
強誘電体材料　46
空間線量測定　122
グルコースセンサ　73
グレイ　122
ゲージ圧　38
血圧計　110, 111
血液型判定センサ　74
ゲルマニウム半導体型検出
　器　122
光学方式　134
光学方式指紋認証装置　134
口腔内ケアシステム　126
酵素センサ　73
酵素–電気変換　73
光電効果　15
光電子　16
光電子増倍管　17, 122
光電子放出　15, 16
光電スイッチ　22
光導電効果　15, 18

高度道路交通システム　105
高分子膜　64
誤嚥性肺炎　126
五感　78
コヒーレント　32
コヒーレント光　32
固有音響インピーダンス　46
コロトコフ音　111
コンデンサ型　83
コントローラ　90
コンピュータグラフィック
　ス　93
コンピュータ支援設計　93
コンピュータ数値制御　103

さ　行

差圧　38
差圧式流量計　52
サーボモータ　102
サーミスタ　56–58
サーモグラフィー　26, 56, 63
サーモパイル　62
最高血圧　111
最低血圧　111
酸化物半導体ガスセンサ　69
産業用ロボット　100, 102
酵素固定化膜　73
酸素センサ　104
シーベルト　122
ジェスチャ機能　137
視覚　78, 80
視覚システム　80
視覚センサ　81
視覚認識補助システム　81
磁気共鳴断層撮影技術　114
磁気センサ　132
識別用タグ　101
自走式車椅子　127

湿度センサ　64
湿度-電気変換　64
自動車産業　100
自動体位変換機能　126
自動体外式除細動器　110, 117
紙幣識別機　130, 132
指紋認証　130, 134
収縮期血圧　111
受動型光ファイバ計測　29
障害物検知機能　105
焼結　58
照射線量　122
焦電型赤外線センサ　28
焦電効果　27
褥瘡　126
食品汚染検査　122
触覚　78, 82
触覚受容器　82
真贋鑑別　132
人感センサ　26
シンクロトロン放射光　95
信号線　91
心室細動　117
シンチレーション　122
シンチレーションカウンタ　120
シンチレーション型放射線センサ　122
心電計　110, 112
心電図　112
心電波形　112
水温センサ　104
水晶　46
水素イオン濃度計　70
数値制御　103
ストレインゲージ　36, 37, 40
スマートグリッド　100, 106
スマートフォン　136
スマートメータ　100, 107
スロットルセンサ　104
正温度係数サーミスタ　58
製造ライン　101
生体インピーダンス法　125

生体認証　134
生体反応-電気変換　68
静電容量型半導体式加速度センサ　124
静電容量方式　134, 137
静電容量方式変位測定　40
生物化学的酸素消費量　75
ゼーベック効果　60
赤外線　26
赤外線センサ　132
赤外線-電気変換　27
赤外線方式　137
接合技術　95
接触型変位センサ　40
絶対圧　38
絶対湿度　64
セラミック　46
セラミック湿度センサ　64
センサ　4
センサフュージョン　96
線量当量　122
相対湿度　64
双方向ネットワーク　106
測温抵抗体　57
ソナー　47

た 行

ダイアフラム　36
ダイアフラム圧力計　39
体位分散マットレス　126
体温計　110
体脂肪率　124
多関節型ロボット　102
多機能センシング　97
タッチパネル　130, 136
タブレット　136
断層撮影法　110
超音波　46
超音波医療診断　48
超音波魚群探知機　47
超音波診断　110
超音波速度計　50
超音波探傷検査　49
超音波非破壊検査　49
超音波表面弾性波方式　137
超音波流速計　52

聴覚　78, 82
抵抗膜方式　136
ディジタル画像　93
ディジタル心電計　112
ディジタル脳波計　112
定電位電解式ガスセンサ　70
データ入出力バス　91
データの二値化　93
電界強度測定方式　134
電気ショック　117
電子式自動血圧計　111
電磁誘導方式　137
電磁流量計　52
転送バス　91
電動介護ベッド　126
電動車椅子　127
電動リフト　127
伝搬速度　46
電離型放射線センサ　122
電離性放射線　122
電力産業　100
投影型静電容量方式　137
透明電極　136
トーカ　90
ドップラー血流計　30
ドップラー効果　50
トモグラフィ技術　110, 114

な 行

内視鏡　110, 116
内部光電効果　15
ナノテクノロジー　95
ナビゲーションシステム　105
ニオイ分子　86
熱型　27
熱起電力効果　27
熱電対　56
熱導電効果　27
ネルンストの式　71
能動型光ファイバ計測　29
脳波計　110, 112

は 行

バーコード　130, 133

索引

バーコードリーダ　133
バースト波　46
バイオセンサ　68, 73
バイオメトリクス　134
媒質密度　46
ハイブリッド型マッハツェンダ干渉計　30
バイモルフ圧電素子　83
バス　91
白金測温抵抗体　56, 57
発光　122
バリアフリー　127
半導体型放射線センサ　122
半導体型加速度センサ　124
ハンドシェイク　91
汎用性インタフェースバス　90
ピエゾ素子　36
ピエゾ抵抗型半導体式加速度センサ　124
光起電力　20
光起電力効果　15, 20
光散乱式粒子計数器　121
光センサ　14, 132
光−電気変換　14
光ファイバ　29
微細加工技術　94
ひずみ　37
ひずみゲージ　37
ひずみ−電気変換　36
微生物センサ　74
非接触 IC カード　130, 131
非接触型変位センサ　40
人型ロボット　103
非破壊検査　49
表面汚染測定　122
表面型静電容量方式　137
表面マイクロマシニング技術　95
微粒子測定装置　120
微粒子物質測定　121
フィルタリング　93
フォトインタラプタ　22
フォトダイオード　20
フォトトランジスタ　21
フォトリソグラフィ技術　94
フォトレジスト　94
負温度係数サーミスタ　58
ブルトン管圧力計　38
ベクレル　122
ヘリカルスキャン CT 技術　114
ヘルスメータ　120
ベローズ圧力計　38
変位−電気変換　36
放射温度計　56, 62
放射線　121
放射線センサ　120
放射能　122
歩数計　120
ボロメータ　63

ま行

マイクロマシニング　94
マトリックススイッチ　136
マノメータ　39
味覚　78, 86
味覚センサ　87
味細胞　86
味蕾　86
免疫センサ　74
面検出器 CT 技術　114

や行

ヨウ化ナトリウムシンチレータ　122
容積式流量計　52

ら行

ライダ　33
リスナ　90
リニアエンコーダ　43
リニアスケール　43
流速・流量測定　52
量子型　27
レーザ　32
レーザレーダ　33
レーダ　33
レントゲン　110
ロータリエンコーダ　43
ロードセル　36
ロボットセンシング機能　78

欧字

3D 加速度センサ　124
3 次元加速度センサ　124
5 基本味　86
AED　110, 117
ATM　136
BOD　75
BOD センサ　75
CAD　93
CCD 型イメージセンサ　81
CCD 方式　23
CdS セル　18
CG　93
CO ガスセンサ　70
CT　114
Ge 半導体型検出器　122
GM 計数管　120, 122
GPIB　90
HEMS　130
IC チップ　131
ISFET　68, 72
LIGA プロセス技術　95
$LiTaO_3$　27
MEMS　95
MISFET　72
MOSFET　23
MOS 型イメージセンサ　81
MOS 方式　23
MR　114
MRI　110, 114
NaI シンチレータ　122
NMR　114
NTC サーミスタ　58
pH メータ　70
POS システム　133
PTC サーミスタ　58
PZT　27
QR コード　133
RS232C　91
X 線 CT　110, 114
X 線断層撮影技術　114
α 線　122
β 線　122
γ 線　122

著者略歴
信太 克規 (しだ かつのり)

1970 年	東北大学大学院工学研究科電子工学専攻修士課程 修了
	通商産業省工業技術院電気試験所標準器部電気標準研究室 研究員
	（電子技術総合研究所前身，現 産業技術総合研究所）
1987 年	電子技術総合研究所標準計測部電気標準研究室 研究室長
1990 年	佐賀大学理工学部電気工学科 教授
2009 年	定年退職
現 在	佐賀大学 名誉教授　工学博士

主要著訳書
「基礎電気電子計測」（数理工学社）

電気・電子工学ライブラリ＝UKE-A5

応用電気電子計測

2013年6月10日ⓒ　　　　初 版 発 行

著　者　信太克規　　　発行者　矢沢和俊
　　　　　　　　　　　印刷者　林　初彦

【発行】　　株式会社　数理工学社

〒151-0051　東京都渋谷区千駄ヶ谷1丁目3番25号
編集　☎ (03)5474-8661（代）　サイエンスビル

【発売】　　株式会社　サイエンス社

〒151-0051　東京都渋谷区千駄ヶ谷1丁目3番25号
営業　☎ (03)5474-8500（代）　振替 00170-7-2387
FAX　☎ (03)5474-8900

印刷・製本　太洋社

《検印省略》

本書の内容を無断で複写複製することは，著作者および出版社の権利を侵害することがありますので，その場合にはあらかじめ小社あて許諾をお求め下さい．

ISBN978-4-86481-001-2
PRINTED IN JAPAN

サイエンス社・数理工学社の
ホームページのご案内
http://www.saiensu.co.jp
ご意見・ご要望は
suuri@saiensu.co.jp　まで．